东北黑土区坡面径流调控与防蚀工程技术

秦伟 焦剑 殷哲等 著

科学出版社
北京

内 容 简 介

本书聚焦东北黑土区长缓地形和人为垄作共同影响的特殊坡面汇流-侵蚀过程，针对当地现有坡面水土保持工程占地多、扰动强、效益不持久等问题，研究揭示不同降雨、地形和垄作方式下的坡面水土流失规律，阐明垄作长缓坡理水减蚀机制，探索坡面降雨产流和侵蚀产沙预测模拟方法，研发生态节地型理水减蚀措施及其优化配置技术。

本书可供水土保持及相关领域的科研工作者、工程技术人员和高等院校师生阅读参考。

审图号：GS 京(2023)2184 号

图书在版编目(CIP)数据

东北黑土区坡面径流调控与防蚀工程技术 / 秦伟等著．—北京：科学出版社，2023.11

ISBN 978-7-03-077016-5

Ⅰ.①东… Ⅱ.①秦… Ⅲ.①黑土-斜坡-地面径流-调控-研究-东北地区②黑土-斜坡-地面径流-土壤侵蚀-预防-研究-东北地区 Ⅳ.①S157

中国国家版本馆 CIP 数据核字（2023）第 220712 号

责任编辑：林 剑 / 责任校对：樊雅琼

责任印制：徐晓晨 / 封面设计：无极书装

科 学 出 版 社 出版

北京东黄城根北街 16 号

邮政编码：100717

http://www.sciencep.com

北京建宏印刷有限公司 印刷

科学出版社发行 各地新华书店经销

*

2023 年 11 月第 一 版 开本：720×1000 1/16

2023 年 11 月第一次印刷 印张：11 1/2

字数：230 000

定价：158.00 元

（如有印装质量问题，我社负责调换）

本书编写组成员

秦　伟　焦　剑　殷　哲　杨献坤

杨文涛　刘铁军　许海超　丁　琳

徐子棋　李坤衡　张　勤　刘卉芳

前　言

中国东北黑土区总面积约 109 万 km^2，是世界四大黑土区之一。区内分布耕地超 36 万 km^2，年交售全国近 1/3 的商品粮，供给 50% 以上的城市人口，被誉为耕地中的“大熊猫”和粮食安全的“压舱石”。黑土资源是东北粮食生产的根本保障，但因多年来过度开垦和“重用轻养”的利用方式，导致黑土地流失、退化等问题日益突出。根据 2021 年水利部全国水土流失动态监测结果，区内现存水土流失面积约 21.41 万 km^2，约占本区总面积的 1/5，其中水力侵蚀面积约占 64%、风力侵蚀面积约占 36%，北部地区间有冻融侵蚀。多年来的水土流失，导致黑土层厚度由开垦初期的 0.6～1m 减少至 0.2～0.6m，有机质含量平均下降 50% 以上，部分黑土层剥蚀殆尽，母质层出露，形成所谓“破皮黄”的严重退化土地，造成粮食减产 10% 以上。总体上，水土流失已成为黑土地农业生产和生态环境保护的重大挑战，开展以坡耕地治理为主的黑土地水土保持，对保障黑土资源可持续利用和维护国家粮食安全具有重要意义。为此，习近平总书记近年考察东北时提出，要采取工程、农艺、生物等多种措施，把黑土地保护好、利用好。黑土地保护逐步上升为国家战略，2022 年 6 月 24 日，第十三届全国人民代表大会常务委员会第三十五次会议通过《中华人民共和国黑土地保护法》，自 2022 年 8 月 1 日起施行。

过去 20 多年，伴随国家水土保持重点工程等一系列黑土地保护工程的实施，东北黑土区水土流失综合防治取得显著成效。然而，该区具有独特的自然地理条件和农业生产方式，存在复合营力、长缓地形、人为垄作等有别于其他地区的侵蚀环境，形成长缓地形和人为垄作共同影响下的特殊汇流侵蚀过程，且相关治理措施受到大规模机械化耕作的制约。因此，其他区域的现有治理技术难以在该区照搬照用，针对当地独特自然条件和生产方式的水土保持原理仍不明晰，生态、高效且易于推广的防治方法仍然缺乏，导致区内坡耕地水土流失治理率尚不足 5%，黑土地变薄、变瘦等问题还未得到根本遏制。总体上，与黄土高原等我国其他水土流失类型区相比，东北黑土区水土保持理论和技术研究起步较晚，尚不能满足黑土地保护的国家战略的实施要求，亟需加强相关研究。

针对上述背景，根据“十三五”国家重点研发计划项目“东北黑土区坡面水土流失综合治理技术”（2018YFC0507000）的总体设计，特别启动“坡面径流调控与防蚀工程技术”课题（2018YFC0507002）。该课题由中国水利水电科学研究院、北京林业大学、吉林省水土保持科学研究院共同承担，聚焦东北黑土区长缓地形和人为垄作共同影响的特殊坡面汇流-侵蚀过程，针对当地现有坡面水土保持工程占地多、扰动强、效益不持久等问题，研究揭示不同降雨、地形和垄作方式下的坡面水土流失规律，阐明垄作长缓坡理水减蚀机制，探索坡面降雨产流和侵蚀产沙预测模拟方法，研发生态节地型理水减蚀措施及其优化配置技术。该课题的研究成果可丰富东北黑土区农田水土流失阻控机制、预测方法和防治措施的理论与技术体系，对促进黑土地保护和实现东北生态-生产双赢的可持续发展具有支撑作用。

本书主要依托上述研究成果，共包括六章。第 1 章“研究背景与区域概况”，梳理总结了东北黑土区坡面水土流失研究现状，明确相关理论与技术所存在的不足与发展趋势；第 2 章“坡面水土保持措施适宜性及其有效应用范围”，采用小区观测、野外调查和空间分析等手段，分析东北黑土区坡面水土保持措施的保存情况与理水减蚀功能，确定主要措施的有效应用范围，开展典型措施的适宜性评价；第 3 章“垄作长缓坡侵蚀产沙的地形与沟垄变化响应”，基于室内降雨模拟和野外放水冲刷试验结果，分析降雨、地形、垄作方式等因素对坡面降雨产流、侵蚀产沙的影响规律，确定横垄暴雨损毁的关键参数与临界阈值；第 4 章“垄作坡面降雨产流预测方法改进”，综合室内模拟试验和野外小区观测的过程资料分析，开展基于 Phillip 方程与水量平衡的产流模拟、考虑降雨过程与地形特征影响的 SCS-CN 模型改进；第 5 章“垄作坡面高精数字地形获取与小流域产沙模拟”，在开展垄作坡面地形与地表覆被无人机快速获取、不同沟垄特征坡面数字地形自动构建等研究的基础上，探索与评价基于 GeoWEPP 模型的小流域产沙模拟；第 6 章“生态节地型坡面理水防蚀技术”，重点介绍长缓坡耕地宽面梯田水土保持措施、复合坡型农田水土保持措施优化配置、低山丘陵区坡耕地水平梯田改进等东北黑土区坡耕地理水防蚀的技术研发成果。

全书撰写中，第 1 章主要由秦伟、丁琳、焦剑执笔；第 2 章主要由秦伟、张勤、许海超、徐子棋执笔；第 3 章主要由焦剑、李坤衡、刘铁军执笔；第 4 章主要由焦剑、丁琳、李坤衡、殷哲执笔；第 5 章主要由杨文涛、王玥璞、刘双楠、秦伟执笔；第 6 章主要由秦伟、焦剑、许海超、殷哲、杨献坤执笔；全书由秦伟、焦剑、殷哲统稿并定稿。

本书出版得到“十三五”国家重点研发计划课题“坡面径流调控与防蚀工程技术”（2018YFC0507002）、水利部重大科技项目“黑土地农田水蚀系统阻控与模拟评价技术”（SKS-2022047）及中国水利水电科学研究院“五大人才”计划项目（SE0145B032021）的资助，在此表示感谢。

由于时间和水平所限，书中难免存在不足之处，敬请读者不吝赐教，批评指正！

秦　伟
2023年5月

目　　录

1 研究背景与区域概况

1.1 研究背景

1.1.1 东北黑土区土壤侵蚀理论研究

我国东北黑土区是世界四大黑土区之一，是我国重要的商品粮基地。由于长期以来“重用轻养”，造成大面积水土流失和土地退化。根据2021年水利部全国水土流失动态监测结果，区内现存水土流失面积约为21.41万km^2，其中水力侵蚀的面积占比为64%、风力侵蚀的面积占比为36%，北部地区间有冻融侵蚀。黑土层厚度由开垦初期的0.6~1m减少至0.2~0.6m。严重的水土流失造成黑土层逐渐变薄，土壤结构恶化，土壤肥力明显下降。例如，吉林省垦前自然黑土表层有机质含量多在40~60g/kg，开垦50年后多在20~30g/kg（刘兴土和闫百兴，2009）。黑龙江省北部地区，黑土有机质含量在开垦50年后由100g/kg左右下降至40~50g/kg；南部地区有机质含量则由50~60g/kg下降至20~30g/kg（隋跃宇等，2008）。水土流失已造成粮食减产达10%以上（刘卉芳等，2020），强烈侵蚀的坡耕地粮食产量可下降51%（张兴义等，2006）。严重的水土流失导致大量泥沙淤积在本区中下游地区的河道、水库中，影响水利工程正常运行，同时给流域防洪带来巨大隐患。黑龙江省五常市拉林河因多年淤积，河床抬高，泄洪能力降低70%（水利部松辽水利委员会，2006）；倭肯河中上游的勃利县全县24座小型水库淤积量占总库容的31%，其中淤积量为30%~60%的有11座，少数水库已全部淤平，致使水库各方面效益受到很大影响，渡汛危险增加（田广和李仁淑，2008）。

进入21世纪后，科学技术部、国家自然科学基金委员会、水利部等单位高度重视黑土区土壤侵蚀问题，先后启动了东北黑土区坡面水土流失综合治理技术、东北黑土区侵蚀沟生态修复关键技术研发与集成示范、黑土侵蚀防治机理与调控技术等重大科技项目，众多学者系统分析、总结了黑土区土壤侵蚀特点，以及水力侵蚀、冻融侵蚀和水土流失现状等问题（张光辉等，2022）。在坡面尺度上，如土壤侵蚀过程与机理、水土流失时空变化与驱动机制、土壤侵蚀环境效应、水土保持综合治理等诸多方面取得了一系列成果（张光辉等，2022）；在流域尺度上，对于侵蚀产沙时空变化特征和主要驱动因素（范昊明等，2009）、侵蚀泥沙来源等（Huang et al.，2019；杜鹏飞等，2020）也开展了相应研究。

在上述研究工作基础上，学者们开始运用土壤侵蚀模型，分析区域或流域尺度上的土壤侵蚀时空分异和发展变化。目前采用的模型主要以基于统计关系的经验模型为主，如 RUSLE（Revised Universal Soil Loss Equation）模型（刘淼等，2004；胡刚等，2015）、中国土壤流失方程（焦剑，2010）、SWAT（Soil and Water Assessment Tool）模型（秦福来等，2014）、TETIS 模型（李致颖和方海燕，2017）及 WaTEM/SEDEM（Water and Tillage Erosion Model and Sediment Delivery Model）模型（盛美玲等，2015）。还有少量研究采用基于物理过程的机理模型分析坡面侵蚀，如 WEPP（Water Erosion Prediction Project）模型。

黑土区土壤侵蚀类型多样、过程复杂，表现为多营力耦合、多过程重叠和受冻融作用影响显著等特点。侵蚀类型包括水力侵蚀、风力侵蚀、冻融侵蚀和复合侵蚀。水力侵蚀又分为溅蚀、细沟间侵蚀、细沟侵蚀、浅沟侵蚀和切沟侵蚀。与其他区域特别是黄土高原相比，黑土区土壤侵蚀研究历史短、成果积累少，亟需加强或深化土壤侵蚀机理与过程、黑土退化机制与地力提升、水土保持综合治理关键技术等研究。多营力复合、缓坡长坡、耕地垄作是东北黑土区独特的侵蚀环境，地形是决定汇流和侵蚀的重要因子，坡度沿坡长变化及径流沿坡长累积是土壤侵蚀呈现垂直分异的动力基础。由于坡面长缓起伏且受人为垄作影响，形成特殊汇流路径，导致侵蚀与地形存在明显非线性关系。为此，亟需研究不同坡度、坡长、坡型和汇流面积等条件下坡面汇流-侵蚀变化规律，探析地形与垄向对汇流-侵蚀耦合影响，明确垄作长缓坡地形调整的减蚀机制，确定坡面理水减蚀关键水文参数和地形阈值。

2017 年，农业部会同国家发展和改革委员会、财政部、国土资源部、水利部等 6 部委印发《东北黑土地保护规划纲要（2017—2030 年）》，提出了黑土地保护的技术模式。2018 年，水利部印发了《东北黑土区侵蚀沟治理专项规划》（2016—2030 年），提出重点对坡耕地中的中型、小型侵蚀沟进行治理。同年，水利部明确提出，当前和今后一段时期内，持续推进东北黑土区水土流失综合治理。2020 年，《中共中央 国务院关于抓好“三农”领域重点工作确保如期实现全面小康的意见》明确将“推广黑土地保护有效治理模式，推进侵蚀沟治理，启动实施东北黑土地保护性耕作行动计划”作为“对标全面建成小康社会加快补上农村基础设施和公共服务短板”的重要内容，水利部再次明确提出，加大东北黑土区侵蚀沟和6°以上坡耕地治理力度。

1.1.2 水土流失治理技术和模式研究

东北黑土区水土流失已对粮食安全、生态安全造成严重威胁。推进东北黑土区生态保护与黑土地可持续利用，必须做好水土保持工作。国家先后启动了一系列水土保持重点治理工程，包括2003～2007年实施的“东北黑土区水土流失综合治理试点工程”、2008～2016年实施的“国家农业综合开发东北黑土区水土保持项目”、2008～2021年实施的“国家水土保持重点建设工程”、2010～2020年实施的“坡耕地水土流失综合治理工程”、2017～2020年实施的“东北黑土区侵蚀沟综合治理项目”和2021～2022年实施的“中央水利发展资金小流域综合治理工程”（图1.1）。

东北黑土区自逐步加强水土流失综合治理以来，特别是以小流域为单元开展水土保持综合治理的过程中，根据水土流失和土地利用等时空分布，有针对性地研究探索并对位配置，形成了一系列具有特色且行之有效的水土保持措施。其中，工程措施主要为坡式梯田、水平梯田、水平台田等坡改梯措施，横坡垄作、垄作区田、植物埂等微地形整治措施，截流沟、植草水道、地下暗排等坡面径流调控措施，沟头、沟坡和沟底防护等沟道防护措施；生物措施主要为自然生态恢复和人工植被恢复措施；耕作措施主要为免耕、少耕等保护性耕作，以及鼠道耕法和秸秆还田。

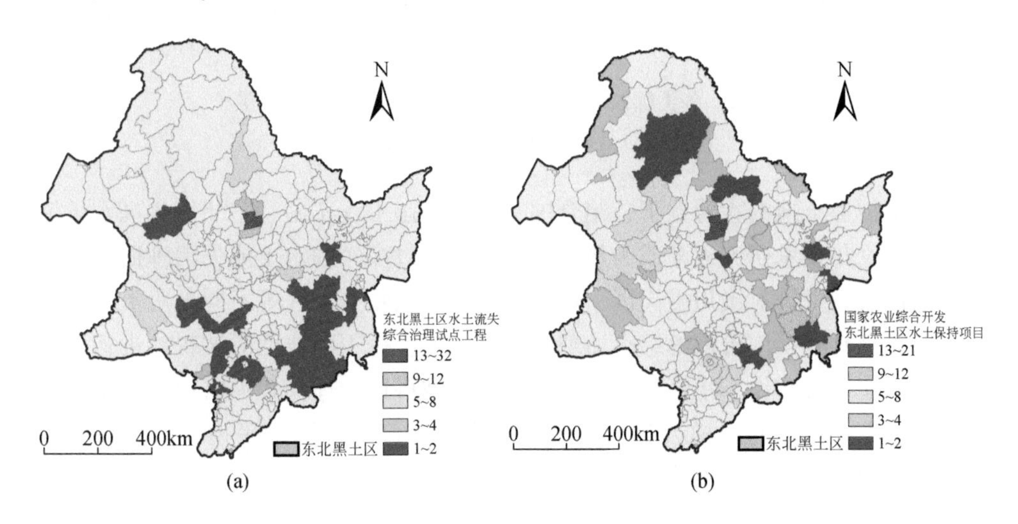

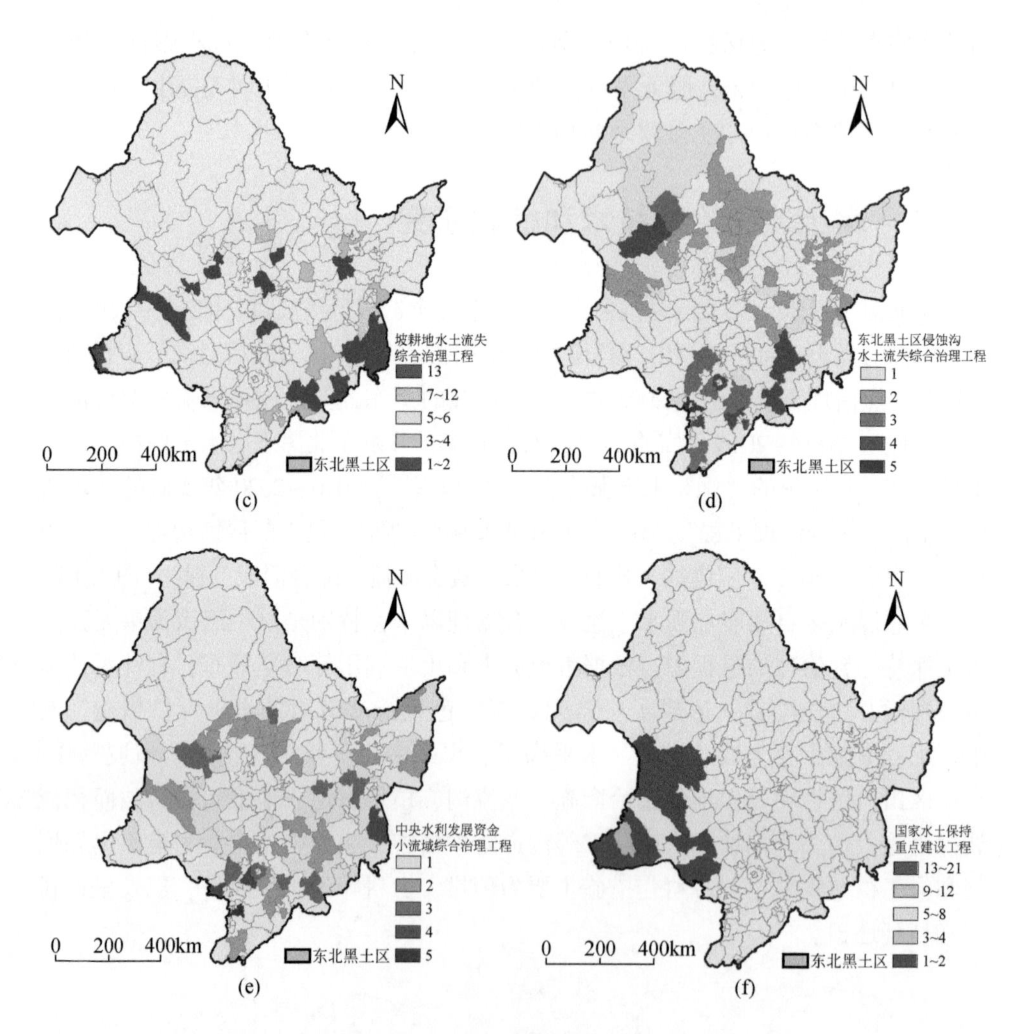

图 1.1　各类国家水土保持重点治理工程的实施工程量

注：图 d、e 中工程数量按年份计

在保护黑土地的大背景下，结合国家重大生态工程实施，东北黑土区水土流失防治理论与技术研究逐渐成为热点与焦点，经过多年的水土流失治理研究与实践，已形成一批针对漫川漫岗区、丘陵沟壑区、农牧交错区等不同地貌类型区的成效明显且具有推广价值的综合治理模式。例如，按不同坡度对坡耕地进行退耕还林，修建横坡垄作、水平梯田等高植物篱的坡耕地治理模式；以理水为主线的蓄、排、灌一体化的“梯级蓄水”模式；进行等高垄作、水平地埂植物带、垄作区田等农耕措施集成模式；从山顶至沟壑三道防线综合群体防护模式等。近年来，以县域为基本单元，针对不同区域特点，通过对过去水土保持治理模式的梳理和总结，形成了具有地方特色的水土保持系统治理模式。例如，以玉米等旱田作物秸秆覆盖还田的保护性耕作为核心的“梨树模式”，以黑土地分布与类型及土壤耕作过程中有机质变化为核心采取相应种植方式的“龙江模式”，将连续式柳编跌水等地方特色植物措施与工程措施充分融合的“拜泉模式”，以秸秆填埋复垦侵蚀沟、小流域综合治理和退耕还林还草等措施为核心的“宾县模式”，通过分步治理实现“山水林田路”和“沟管洞缝松”综合治理的“九三模式”，以植物篱、深松耕、生态袋等水保耕作措施为核心的“克山模式”，围绕黑土地保护和辽河源治理，推进整县开展“山水林田湖草一体化生态修复”的“东辽模式”等。

上述措施和模式有效促进了东北黑土区水土流失防治进程，取得了显著的生态、经济与社会效益。但由于气候、地形条件和土地利用情势独特，加之治理起步较晚，使该区水土流失治理与全国其他类型区相比较为滞后，费省效宏的水土保持技术还亟待持续深入研究。东北黑土区传统坡面水土保持工程主要针对低山丘陵地貌，难以良好地适用于垄作长缓坡面，且常存在占地多、扰动强等问题，无法满足集约化和机械化的现代农业生产。因此，亟需研发低扰动、坡形调整、生态型增渗减流等理水减蚀工程措施，探索支撑措施布局的水文路径地理数据构建和效益评价方法，以及生态节地型坡面径流调控与减蚀工程技术。

1.2 区域概况

1.2.1 区域位置

东北地区拥有分布广泛的土质肥沃、有机质含量丰富的黑土，非常适合农作物生产，是我国重要的粮食生产基地，被誉为国家粮食生产与供给的“稳压器”，每年交售全国近 1/3 的商品粮。本书所言黑土对应美国土壤系统分类的软土（mollisol）、中国土壤系统分类的均腐土（isohumosols），以及土壤发生学分类的黑土、黑钙土、灰色森林土和栗钙土。由于用途及对黑土所含土壤类型的认识不同，东北黑土区的范围存在多种版本，主要涉及广义的东北黑土区和典型的东北黑土区两大标准。不同版本的东北黑土区（广义东北黑土区）范围和面积存在较大差异（表 1.1）。考虑到划分的区域完整性和便于应用，本书所指的“东北黑土区”为水利部于 2012 年颁布的《全国水土保持区划（试行）》涉及的黑龙江省、吉林省、辽宁省、内蒙古自治区东部4省区244个县（市、区、旗），总面积109万km^2（图1.2）。

表1.1　东北黑土区范围和面积界定方案

名称	范围界定	面积/万km^2	有无成图	来源
东北黑土区	松花江、辽河两大流域中上游	101.85	无	沈波等（2003）
广义东北黑土区		101	无	解运杰等（2005）
广义东北黑土区	松花江、辽河两大流域中上游	103.02	有	王岩松等（2007）
典型黑土区	黑土、黑钙土为主的松辽流域腹地	10.85	有	
广义黑土区	除辽西、赤峰、通辽南部和呼伦贝尔西部以外的东北地区	103	无	刘兴土和阎百兴（2009）
狭义黑土区	松辽平原东部黑土—白浆土区，兴安岭与三江平原西部暗棕壤—黑土区	37.69	无	
东北黑土区	黑土、黑钙土为主的分布区域，涉及244个县级行政单元	109	有	水利部（2012）
东北黑土区	黑土、黑钙土、栗钙土和灰色森林土为主的分布区域，涉及146个县级行政单元	55.6	有	刘宝元等（2021）
东北典型黑土区	黑土、黑钙土为主的分布区域，涉及138个县级行政单元	33.3	有	

1.2.2　气候特征

东北黑土区属温带大陆性季风气候，横跨寒温带、中温带和暖温带三个气候带，年平均气温在-7～11℃，不小于10℃有效积温在1500～3800℃。冬季寒冷漫长，1月份平均最低气温在-20℃以下，冬季一般长达5～6个月，为我国最寒冷的区域；春季多风，且干燥少雨，尤其是西部地区，十年九春旱；夏季高温多雨，雨热同季，有利于植物生长，7月平均气温在18～20℃，多年平均降水量一般为350～1000mm，呈单峰降水，分布不均，东部和南部较多，西部较少，其中东南部山区年降水量在1000mm以上，西部只有300mm左右。本区70%～80%的降水集中在6～9月份，且降雨强度大；全年降雪量占降水总量的比例在10%～25%（焦剑等，2009）。

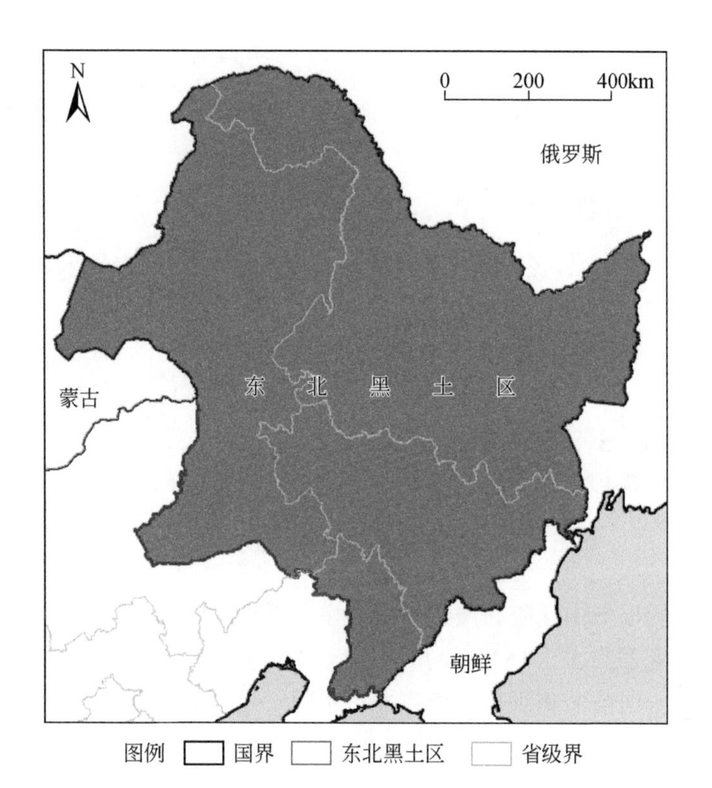

图 1.2　东北黑土区位置

东北黑土区也是中国气候变化的敏感区和影响显著区之一（高江波等，2023）。近 50 年来，该区域平均气温上升速率为 0.38℃/10a，高于全国平均水平（刘志娟等，2009）。未来情景下，东北黑土区平均气温将进一步增加，降水量总体上呈现波动增加态势，但异质性增强。

1.2.3　地形地貌

东北黑土区整体呈东、西、北三面环山，中部敞开的“簸箕状”地表结构，主要由海拔高度在 600 ~ 1500m 的大小兴安岭和长白山地，海拔高度在 120 ~ 250m 的辽河平原、松嫩平原和三江平原组成。除低山丘陵外，东北黑土区大部分地区地势长缓，12.5m 分辨率 DEM（digital elevation model）分析显示，1°以下、1° ~ 2°和 2° ~ 3°坡面分别占东北黑土区面积的 9.0%、19.5% 和 15.8%（图 1.3）。

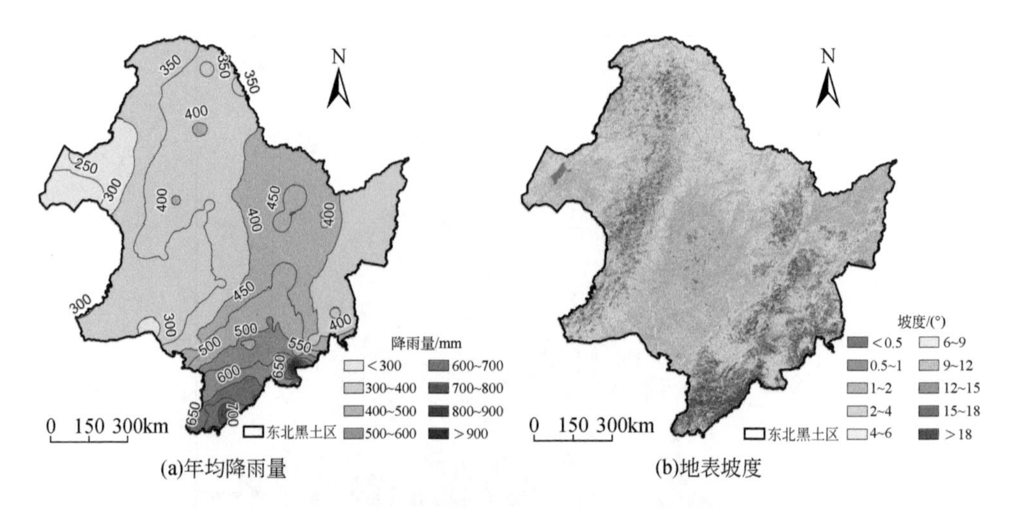

(a)年均降雨量 (b)地表坡度

图 1.3 东北黑土区年均降雨量和地表坡度

该区域地貌以低山丘陵和漫川漫岗为主。低山丘陵分布在主要江河流域的中上游，地表坡度多为5°~15°。漫川漫岗区多位于地壳运动的下沉地带，其地貌可细分两大类：山前冲积洪积台地和冲积平原。山前冲积洪积台地位于山地自平原的过渡地带，冲积平原分布于该区域中部。在山前冲积洪积台地区域，地形复杂，起伏较大，地面坡度大部分为3°~8°，坡长500~1000m，汇水面积大；在洪积平原区域，地面波状起伏，坡缓坡长，地面坡度大部分在3°以下，坡长多为800~1500m，由于坡面较长，汇水面积宽广。

1.2.4 土壤和植被

东北黑土区土壤类型复杂，分布较广的地带性土壤类型有棕色针叶林土、暗棕壤、棕壤、黑土、黑钙土、栗钙土，非地带性土壤有草甸土、沼泽土、白浆土、风沙土和盐碱土等（图1.4）。这些土壤有一个共同的特征就是腐殖质含量丰富，具有深厚的暗色土层，被俗称为“黑土”。其孔隙度较高、土质较疏松，因此抗蚀抗冲性能较差。

东北黑土区黑土层下面是黄土状成土母质，有机质含量不足1%，农作物难以生长。该母质层机械组成黏细，质地黏重，透水性差，阻碍了土壤水分的下渗，使土壤水分不易通过该层渗透到地下，易形成“上层滞水”现象。夏季暴雨和春季融雪径流产生后，土壤水分极易饱和，产生集中的地表径流冲刷，土体易遭到侵蚀和淋溶。

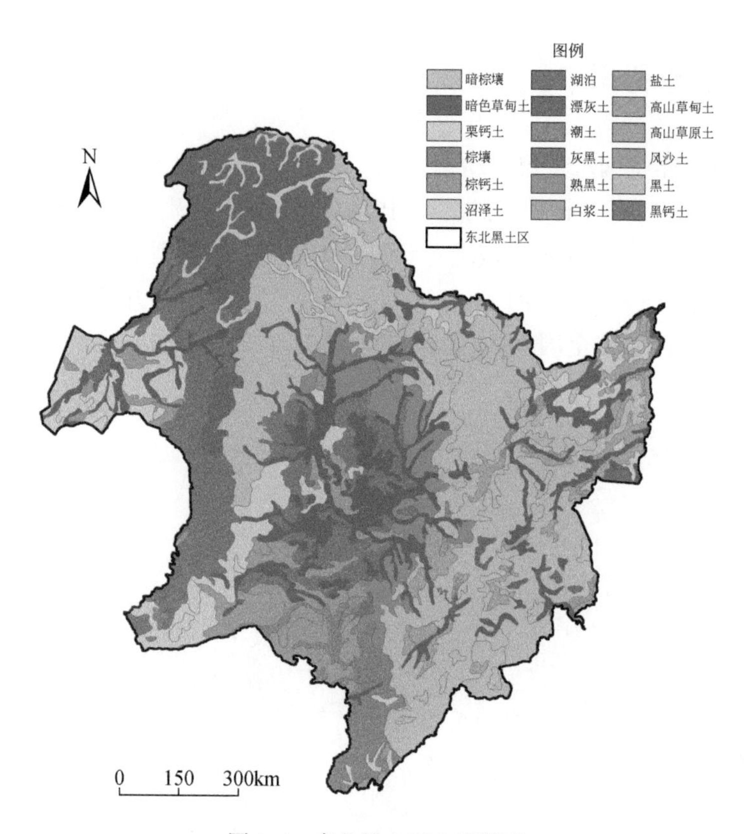

图 1.4 东北黑土区土壤类型

东北黑土区是欧亚大陆草原的最东端，寒温带针叶林的最南端，温带夏绿林的最北缘，其植被具有显著的空间分异规律，从东到西依次分布着湿润森林、半湿润草甸草原、半干旱草原；自南而北依次为暖温带落叶阔叶林、温带针阔混交林、寒温带针叶林；山地向平原过渡的丘陵地带多为灌木林和人为开垦的农田景观，仅部分地区存在保存完好的落叶阔叶林和高覆盖草地。

该区域植被景观以森林和草甸草原为主。林地主要分布在大江大河及其主要支流上游，针叶林有落叶松、红松、樟子松和油松等，阔叶林有蒙古栎、杨、黑桦、山杨、山杏、白桦等，灌木有榛、胡枝子等，人工林有杨、果树、柳和柠条等。流域中下游的植被以草甸草原为主，草本植物有线叶菊、针茅、黄芪、萎陵菜、野大麦等。

1.2.5 土地利用

根据 2018 年全国水土流失动态监测，东北黑土区中林地、耕地和草地面积分别为 45.48 万 km^2、36.21 万 km^2、18.85 万 km^2，分别占总面积的 41.82%、33.30%、17.33%，表明该区域生态状况总体良好，植被覆盖率较高，约 60% 的土地被永久植被所覆盖（图 1.5）。该区域有 1/3 的土地已开垦为农田，耕地面积高达 5.4 亿亩①，占全国耕地总面积的 20% 以上，存在季节性裸露。

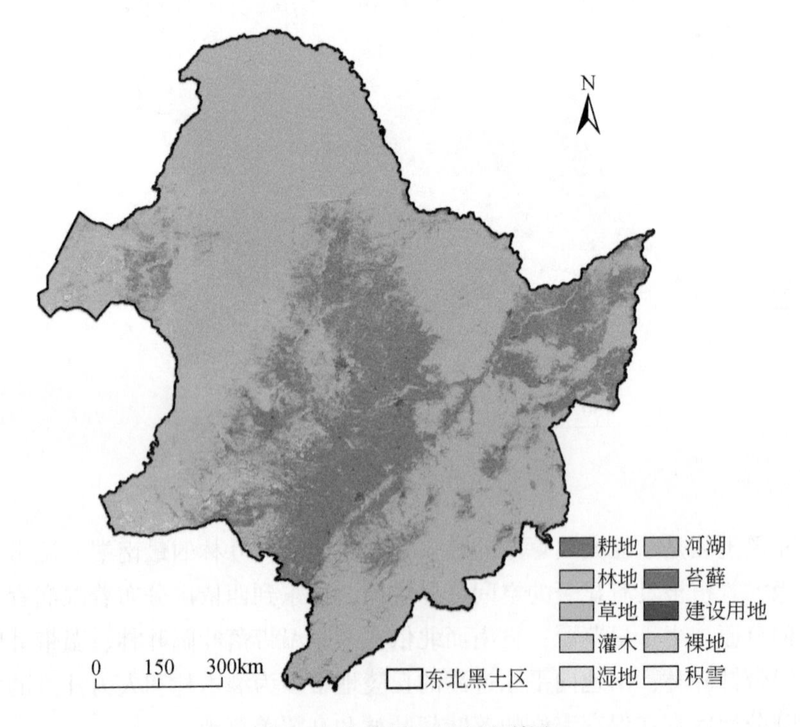

图 1.5 东北黑土区土地利用

东北黑土区土地利用开发主要集中在 20 世纪以来的 100 多年（张树文等，2006），大部分土地的开垦时间为 50 ~ 100 年。1948 年完成土地改革后，地方政府实行了开荒头三年不交粮的奖励政策，以调动广大农民开荒的积极性，大批当地和外来农民，在互助组和合作社的组织下，纷纷开垦荒地。1955 年，铁道兵

---

① 1 亩≈666.67m^2。

近两万官兵从福建、广东、四川等地开赴“北大荒”开垦；1956 年后随着高级农业社和人民公社成立，又开始了集体开荒；1958 年“大跃进”运动爆发，10 万转业官兵开赴“北大荒”，建立了数十个大型国营农场；1967 年组建了生产建设兵团，将当时国营农场、劳改农场划归生产建设兵团，进行了大面积的开荒；“文化大革命”期间，又接纳百万“上山下乡”的知识青年对“北大荒”进行开荒；1974 年以后国家将人民公社集体开荒纳入计划，给予一定的资金补助；1978 年党的十一届三中全会以后实行了个人包产到户政策，加快了土地开发进度。1979 年开始，国家启动了“三北”防护林体系建设工程，尤其是 1985 年以后，因三江平原以往的过度开发所带来的生态环境和物种保护等方面的问题逐渐引起人们的关注，三江平原开发保护的问题成为研究重点。1994 年，黑龙江省最大的一块湿地——三江平原成立了“三江自然保护区”。1998 年松嫩流域发生特大洪水，对国家和人民的生命与财产造成了巨大的损失，使国家更加重视东北黑土区的合理开发和环境保护问题。1999 年，国家决定“北大荒”全面停止开荒，实行退耕还“荒”（还林、还草、还湿地），该区域大面积大规模的开垦活动宣告结束。

东北黑土区农业生态系统百年的演化历史，几乎跨越了我国中原地区近 3000 年的演替过程（范昊明等，2004）。在这一演替过程中，人类耕作活动作为演替的主导因素，引起了生态系统、地貌和土壤的一系列变化。其中，对土地资源的长期不合理开发利用使得该区域水土流失日益严重。

2 坡面水土保持措施适宜性及其有效应用范围

本章将基于区域大样本野外调查和小区长序列资料，全面评价东北黑土区现有耕地坡面水土保持措施的保存情况与保土减蚀效果，分析现有措施存在的主要问题；进而选择位于吉林省低山丘陵区的柳河、辉南、敦化和东辽等国家水土保持重点工程典型项目区，选取经济指标、生态指标和管护指标构建吉林省山地丘陵区典型坡面水土保持措施适宜性研究体系，利用层次分析法对区域各类坡耕地水土保持措施适宜性进行评价，说明地埂植物带、坡式梯田、水平梯田等主要坡面水土保持措施在减蚀、改土、增产及其保存管护等方面的综合效果。在揭示主要措施水土保持功能随降雨-坡度衰减规律的基础上，确定横坡改垄和地埂植物带两种常见措施能将坡耕地水土流失控制到容许流失量以下的应用边界和对位分区。上述成果可为东北黑土区坡面水土保持措施研发、改进和提质增效，以及国家重点治理工程的措施选择与布局优化提供科学依据，从而提升黑土地分区精准治理水平。

2.1 坡面水土保持措施的保存现状

2.1.1 评价方法

21 世纪以来，国家逐步加大东北黑土区水土流失防治投入，2003 年起开展了国家水土流失综合治理试点工程；2008 年起相继启动实施了 3 期国家农业综合开发东北黑土区水土流失重点治理工程、东北黑土区侵蚀沟综合治理工程，分别以坡面和沟道为重点进行治理；2017 年国家又启动了东北黑土区侵蚀沟治理专项工程。据水利部松辽水利委员会统计，截至 2020 年，东北黑土区共实施国家水土保持重点工程 470 个。水利部水土保持监测中心、水利部松辽水利委员会、沈阳农业大学等单位针对东北黑土区的国家水土保持重点工程保存情况进行过多次评估，但相关成果未见报道。

为客观评价坡面水土保持措施实施后其在东北黑土区的整体保存情况，本章将按照包含不同项目类型、实施年份、治理县区等原则，在已实施的国家水土保持重点工程中抽核项目 50 个（图 2. 1），数量占比达 10. 6% 左右；并对每个抽核项目开展野外调查，通过对比项目验收的措施记录情况与现场调查的措施现状情况，分析各类措施保存率。坡面治理工程主要抽核改垄、水平梯田、坡式梯田、地埂植物带、林草措施、封禁治理、经果林、整地工程等 11 种措施，分布于 52 个小流域，涉及图斑 325 个。

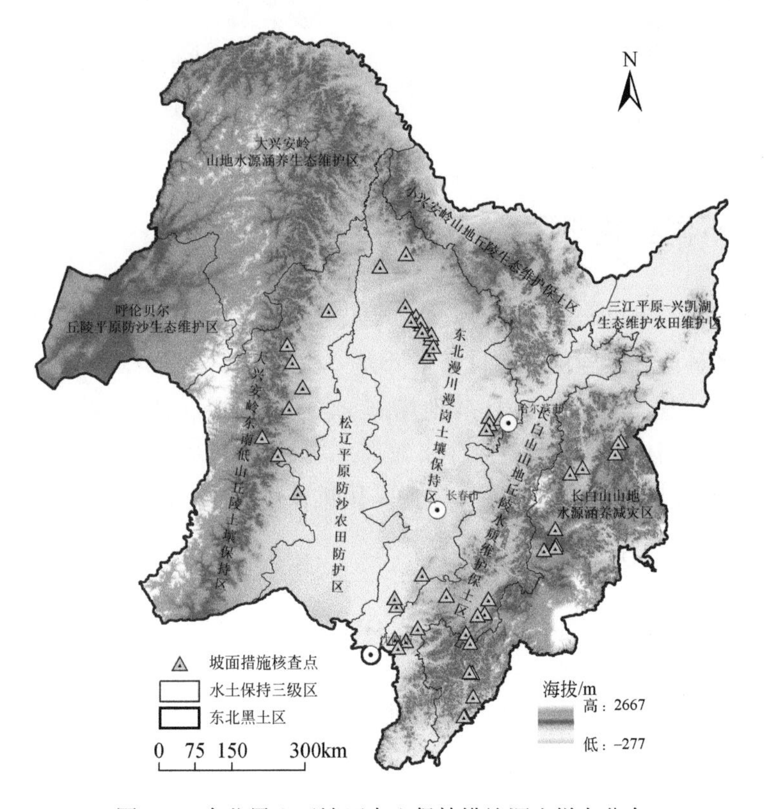

图 2. 1　东北黑土区坡面水土保持措施调查样点分布

评价工作按照确定的小流域及图斑号，采取遥感影像解译、无人机航拍与现场核查的“空天地”一体化调查方式开展资料搜集和数据整理工作。对照有关部门批复的实施方案和工程竣工图，现场复核坡面和沟道治理措施保存及效益情况（图 2. 2），根据措施有效保存面积和设计面积对每种措施的保存率进行测算，最后进行汇总分析。

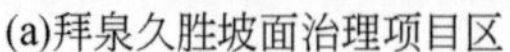

(a)拜泉久胜坡面治理项目区　　(b)抽核坡式梯田

图 2.2　东北黑土区水土保持措施抽核图斑和现场示例

2.1.2　不同类别坡面水土保持措施保存率

抽核的 325 个坡面治理工程图斑共涉及 11 种治理措施，措施平均保存率为 56.51%；各种治理措施保存率自高至低为：整地工程>经果林>改垄>封禁治理>林草措施>水平梯田>坡式梯田>其他措施>地梗植物带（图 2.3）。其中，改垄、整地工程和经果林的治理措施保存率较高，均达 70% 以上，尤其整地措施全部保存完好。东北黑土区地形长缓，普遍采用机械化耕作，适用性好且后期管护容

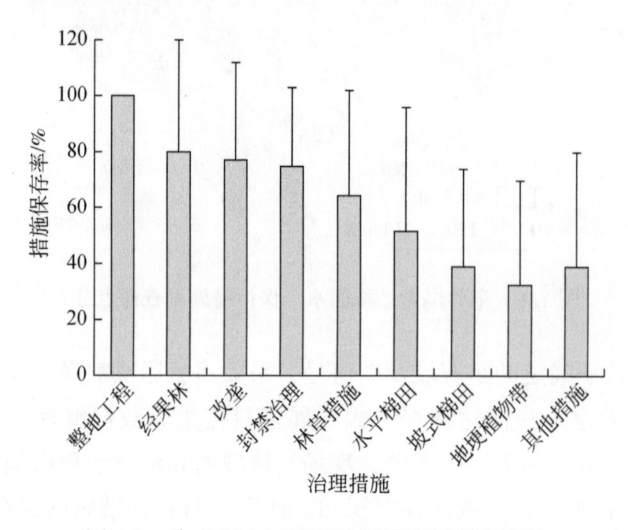

图 2.3　东北黑土区坡面治理措施保存率情况

易的坡面治理措施保存相对持久。整地工程是为了实现坡面林草植被的恢复与重建，以蓄水保土为目标实施的水平沟、水平阶、鱼鳞坑等水土保持工程措施，该类措施建设投入较高，质量和效益稳定且后期易于管理维护，所以能够持久保存。改垄是东北黑土区坡耕地治理最常见的耕作措施，通过改变微地形、拦截径流的措施，从而减小土壤侵蚀量，达到控制侵蚀的效果（包昂等，2022；牟廷森等，2022）。

广义上讲，经果林属于植物措施，但其保存率（80.00%）远高于林草措施（64.52%）。林草成活率是影响植物措施保存率的重要因素，灌木林、水土保持林、退耕还草等措施因经济效益较低，往往缺乏管护，而经果林则因经济效益驱动普遍会得到农户的主动维护，因此具有更高林木成活率和措施保存率。因此，应加强东北黑土区植物措施适宜性分析，筛选适宜当地自然气候条件的林草品种，同时关注植物措施损毁原因及后期管护存在的不足，提出有针对性优化方案，以提高水土保持作用的植物措施的成活率和保存率。

值得注意的是，水平梯田、坡式梯田和地埂植物带 3 种主要措施的保存率不足 60%，尤其地埂植物带的保存率仅 32.30%。水土保持措施占地及其与机械化生产的适应问题一直是东北黑土区水土保持措施应用面临的挑战。梯田和地埂植物带布设后，都会直接改变坡面地形，截短坡长，不仅减少了可耕作的土地面积，也对机械化作业带来一定障碍。此外，由于东北黑土区坡耕地内往往缺乏径流排导设置，春季融雪和夏季暴雨过程中，因长缓地形的上坡汇流的集中冲刷，容易导致横向拦截措施发生损毁。因此，这 3 种主要的水土保持措施的保存率相对较低。未来应探索梯田和地埂植物带水土保持功能和综合效益的优化提升技术，并研究扰动小、占地少、适机耕的生态节地型新措施，提高水土保持措施对现代化农业的适宜性。

2.1.3 不同区域坡面水土保持措施保存率

东北黑土区地域广阔，自然和社会条件存在分异，为此按水土保持三级分区进一步分析措施保存情况。结果显示，不同区域间的措施保存率差异明显。调查的坡面措施分布于 4 个三级区，其中大兴安岭东南低山丘陵土壤保持区的措施整体保存率较高，达 79.16%；东北漫川漫岗土壤保持区最低，仅 46.98%；长白山山地水源涵养减灾区和长白山山地丘陵水质维护保土区居中，分别为 59.71% 和 56.63%（表 2.1）。

表 2.1 东北黑土区水土保持三级分区坡面治理措施保存率 （单位:%）

措施	大兴安岭东南低山丘陵土壤保持区		东北漫川漫岗土壤保持区		长白山山地丘陵水质维护保土区		长白山山地水源涵养减灾区	
	APR	SD	APR	SD	APR	SD	APR	SD
水平梯田	95.00	5.00	19.03	31.69	45.69	32.31	90.29	16.42
坡式梯田	82.41	16.97	35.31	30.13	12.97	19.18	36.17	36.04
地埂植物带	73.95	26.07	19.80	32.41	25.29	24.77	14.80	22.25
改垄	86.18	14.07	72.90	34.61	80.45	26.98	90.83	19.04
林草措施	60.74	36.45	—	—	100	0	40.95	13.75
经果林	—	—	100	0	—	—	50.00	50.00
整地工程	—	—	—	—	100	0	—	—
封禁治理	79.89	8.90	70.00	24.25	—	—	81.89	33.28
其他措施	—	—	—	—	100	0	28.87	35.04
平均	79.16	24.40	46.98	43.79	56.63	41.42	59.71	41.10

注：APR（average preservation rate）为措施保存率；SD（standard deviation）为标准偏差；“—”表示无数据；“整地工程”包括水平沟、水平阶、撩壕、鱼鳞坑、穴状、块状整地；“其他措施”包括果树台地、深松、宣传碑等

在大兴安岭东南低山丘陵土壤保持区，各种措施的平均保存率明显高于其他区域，但不同措施间的保存率存在明显的分异。虽然整个东北黑土区的水平梯田、坡式梯田和地埂植物带保存率均不足60%，但该区3种措施的保存率分别高达95.00%，82.41%和73.95%，一定程度上说明这些措施在该区的适用性和后期管护情况较好。此外，改垄和封禁治理的保存率也达到86.18%和79.89%，优于对应措施在整个东北黑土区的平均保存情况。

在东北漫川漫岗土壤保持区，各类措施整体保存率最低，其中水平梯田、坡式梯田、地埂植物带的保存率分别仅有19.03%、35.31%、19.80%；改垄和封禁治理的保存率虽达到72.90%和70.00%，但仍低于东北黑土区的平均水平。总体上，大规模、机械化的农业耕作方式，对水土保持措施的实施和保存带来较大挑战，需要对传统措施进行优化提升，探索适宜东北长缓地形的农田水土保持新措施和新技术。

在长白山山地丘陵水质维护保土区，除改垄、整地工程和林草措施的保存率分别达80.45%、100%和100%外，其余措施的整体保存率均偏低，其中坡式梯田的保存率仅为12.97%。在长白山山地水源涵养减灾区，改垄和水平梯田的保存率明显高于东北黑土区平均水平，分别达90.83%和90.29%；坡式梯田和地

埂植物带的保存率则相对偏低，分别为36.17%和14.80%，经果林和林草措施的保存率也基本在50%以下。总体上，在长白山山地丘陵区，改垄和水平梯田措施适用现状较好，而其他措施则普遍存在不确定性，尤其是坡式梯田和地埂植物带需要改良设计和加强管护，以提升措施的适宜性和保存情况。

2.2 坡面水土保持措施适宜性评价

2.2.1 样地选取

为满足东北黑土区提高坡耕地水土保持措施综合效益的需要，研究选取经济指标、生态指标和管护指标构建吉林省山地丘陵区典型坡面水土保持措施适宜性研究体系，利用层次分析法对区域主要坡耕地水土保持措施适宜性进行评价。课题组在吉林省柳河、辉南、敦化和东辽4县（市）的国家水土保持重点工程项目区，共选取调查样地36处，对地埂植物带、坡式梯田、水平梯田等主要坡面水土保持措施进行现场调查和取样分析（样地信息见表2.2，调查照片见图2.4）。获取指标包括坡度、土壤厚度、埂坎植被覆盖度、埂坎植被高度、作物产量增加率、土壤含水量提高率、土壤有机质提高率、拦沙率、损毁率、保存率、占地率、单位面积成本、实施年限等。

表2.2 调查样地基本信息

样地编号	样地位置	项目区面积/km^2	措施类型	措施年限/年	坡度/(°)	土壤厚度/cm	坡长/m	减沙率/%
1、2、3	柳河县泉眼村泉眼小流域	6.40	坡式梯田	5	7.0±0.3	12.6±1.2	239.6±7.4	67.9±6.5
4、5、6	辉南县西南岔韩家街小流域	7.83	坡式梯田	5	7.6±0.2	21.3±2.1	241.0±14.3	64.5±5.1
7	辉南县磨石沟村磨石沟小流域	8.00	地埂植物带	5	19.0	8.1	212.5	48.2
8	辉南县磨石沟村磨石沟小流域	8.00	坡式梯田	5	15.0	6.1	211.6	62.8
9	辉南县磨石沟村磨石沟小流域	8.00	地埂植物带	5	6.8	25.3	255.1	25.6

续表

样地编号	样地位置	项目区面积/km^2	措施类型	措施年限/年	坡度/(°)	土壤厚度/cm	坡长/m	减沙率/%
10、11、12、13、14、15	敦化市大桥乡于家村	6.46	地埂植物带	7	11.1±0.4	26.8±3.6	238.7±	37.3±2.5
16、17、18	敦化市大桥乡解放小流域	11.02	地埂植物带	7	7.3±0.8	49.2±5.2	223.3±8.5	46.2±4.2
19、20、21、22、23、24	东辽县金州乡金州小流域	13.44	水平梯田	5	7.0±0.2	12.6±1.3	239.6±24.2	95.6±3.1
25、26、27、28、29、30、31、32	柳河县荣家小流域	6.80	水平梯田	5	7.6±0.3	21.3±2.3	241±17.9	90.2±2.2
33、35、36	东辽县合兴村荣华小流域	8.35	水平梯田	7	19.2±3.3	8.0±0.5	212.5±16.4	98.1±3.6
34	东辽县合兴村荣华小流域	8.35	地埂植物带	7	15.1	6.1	211.6	52.1

(a)东辽县荣华小流域

(b)东辽县金州小流域

(c)柳河县荣家小流域

(d)柳河县泉眼小流域

(e)土壤样品采集

(f)辉南县韩家街

(g)辉南县磨石沟小流域

(h)敦化市于家小流域

(i)敦化市解放小流域

(j)作物产量调查

图 2.4　典型样区坡面水土保持措施现场调查照片

2.2.2 评价方法

本章研究利用层次分析法对区域各类坡耕地水土保持措施适宜性进行评价。通过计算地形、土壤、水保措施等因子，构建经济指标、生态指标和管护指标，形成吉林省山地丘陵区典型坡面水土保持措施适宜性研究体系。

2.2.2.1 因子计算

计算所需数据获取方法包括野外实地测量和咨询相关单位。

(1) 地形因子

地形因子主要为坡度，由于本书研究所有坡面均为直线坡型，因此利用水准仪在各坡面的坡上、坡中、坡下各选1个测点进行坡度测定，并计算平均值。

(2) 土壤因子

土壤因子主要为土层厚度，土层厚度为黄土母质层以上的厚度，在每个研究坡面的坡上、坡中、坡下各选择3个样点，挖取剖面进行测量，单位为cm。

(3) 水保措施因子

1）水土保持措施：水平梯田、坡式梯田和地埂植物带。

2）减沙率：向当地相关单位咨询，获得2019年数据，单位为%。

3）成本：向当地相关单位咨询获得，单位为元/hm^2。

4）占地百分比：每个样点选择5条埂坎测定占地百分比，计算公式为：

$$占地百分比=[埂坎宽(m)/田面宽(m)]\times100\% 。\qquad (2.1)$$

5）保存率：每个样点选取5条埂坎测定保存率，数值为保存埂坎长度占总长度的百分比。

6）措施年限及措施实施年限：向当地相关单位咨询获得，单位为a。

2.2.2.2 层次分析权重体系

参考相关学者的研究（胡秉民等，1992；张家来和刘立德，1995），根据层次分析法的要求，将指标体系分为三层：第1层为综合适宜性；第2层为经济指标、生态指标和管护指标；第3层为具体指标。由此建立的具体指标体系如图2.5所示。采用专家打分法判断矩阵，确定各指标权重，标度确定方法如表2.3所示，判断矩阵如表2.4～表2.7所示。计算后所得各指标权重如表2.8所示，结果通过一致性检验。

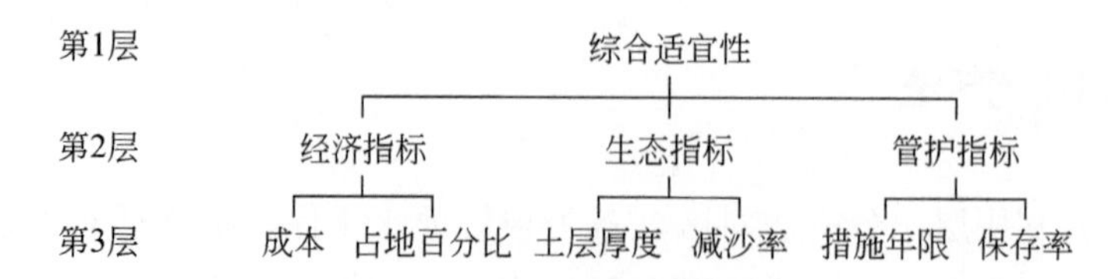

图 2.5　层次分析指标体系

表 2.3　标度的确定方法

标度	含义
1	两指标同等重要
3	一指标比另一个稍重要
5	一指标比另一个重要
7	一指标比另一个极重要

注：如果相对重要性介于标度中间，可标为2、4、6

表 2.4　第 2 层判断矩阵

指标类型	生态指标	经济指标	管护指标
生态指标	1	6	5
经济指标	1/6	1	4
管护指标	1/5	1/4	1

表 2.5　第 3 层生态指标层判断矩阵

指标	土壤厚度	减沙率
土壤厚度	1	4
减沙率	1/4	1

表 2.6　第 3 层经济指标层判断矩阵

指标	单位面积成本	占地比例
单位面积成本	1	4
占地比例	1/4	1

表 2.7　第 3 层管护指标层判断矩阵

指标	措施年限	保存率
措施年限	1	3
保存率	1/3	1

表 2.8　各具体指标最终权重

具体指标	成本	占地百分比	土层厚度	减沙率	措施年限	保存率
最终权重	0.16	0.04	0.57	0.14	0.06	0.02

2.2.2.3　数据标准化

为减少不同指标对评价系统的偏差影响，利用半梯形函数对指标进行标准化，具体函数如下。

1）升半梯函数：

$$U(x)\begin{cases}0, & x \leqslant \bar{x}-2\sigma \\ \dfrac{x-x_{\min}}{x_{\max}-x_{\min}}, & |x-\bar{x}|<2\sigma \\ 1, & x \geqslant \bar{x}+2\sigma\end{cases}$$

2）降半梯函数：

$$U(x)\begin{cases}1, & x \leqslant \bar{x}-2\sigma \\ \dfrac{x-x_{\max}}{x_{\min}-x_{\max}}, & |x-\bar{x}|<2\sigma \\ 0, & x \geqslant \bar{x}+2\sigma\end{cases}$$

土层厚度、减沙率和保存率属正向影响因子，使用升半梯函数；成本、占地百分比和措施年限属负向影响因子，使用降半梯函数。各指标与相应权重相乘，所得结果和即为相应措施评分。借鉴已有研究，将研究区坡面水土保持工程措施适宜性分为 5 级（张展等，2017），评分结果如下：

1）$0<x\leqslant 0.2$，极不适宜：对于当地的生态、经济和社会发展，所应用的技术极不适合。

2）$0.2<x\leqslant 0.4$，较不适宜：对于当地的生态、经济和社会发展，所应用的技术相对比较不适合。

3）$0.4<x\leq 0.6$，中等适宜：对于当地的生态、经济和社会发展，所应用的技术刚好适合。

4）$0.6<x\leq 0.8$，较适宜：对于当地的生态、经济和社会发展，所应用的技术比较适合。

5）$0.8<x\leq 1.0$，适宜：对于当地的生态、经济和社会发展，所应用的技术适合于该区域。

2.2.3 适宜性评价结果

2.2.3.1 不同区域水土保持措施适宜性评价结果

研究区各小流域水土保持措施适宜性如表 2.9 所示。由表 2.9 可知，研究区有 3 个小流域的水土保持措施为水平梯田，其经济指标评分为 0.033～0.053，均为极不适宜；生态指标评分为 0.254～0.559，除柳河县荣家小流域为较不适宜外，其余两处为中等适宜；管护指标评分为 0.021～0.082，均为极不适宜；综合评分为 0.370～0.626，除柳河县荣家小流域为较不适宜外，东辽县金州乡金州小流域为中等适宜，东辽县合兴村荣华小流域为较适宜。研究区有 2 个流域的水土保持措施为坡式梯田，其经济指标评分为 0.180～0.183，均为极不适宜；生态评分为 0.191～0.248，其中辉南县西南岔韩家街小流域为极不适宜，柳河县泉眼村泉眼小流域为较不适宜；管护指标评分为 0.077，均为极不适宜；综合评分为 0.452～0.506，均为中等适宜。研究区有 3 个小流域的水土保持措施为地埂植物带，其经济指标评分为 0.197～0.200，均为极不适宜；生态指标评分为 0.154～0.594，其中辉南县磨石沟村磨石沟小流域为极不适宜，敦化市大桥乡于家村小流域为较不适宜，东辽县合兴村荣华小流域为中等适宜；管护指标评分为 0.013～0.072，均为极不适宜；综合评分为 0.424～0.815，除东辽县合兴村荣华小流域为适宜外，其余两处为中等适宜。以上结果，从经济指标看，该区域水土保持措施参数、施工方式或工艺需改进，以便降低经济成本，提高经济指标评分。从生态指标来看，所有坡式梯田，以及除东辽县合兴村荣华小流域地埂植物带和水平梯田措施配置外，均应进行优化，以便提升水土保持效果；从管护指标看，整个区域管护水平均较差，应加固措施，加强管护。

表 2.9 研究区各小流域水土保持措施适宜性状况

地点	措施	经济指标评分	生态指标评分	管护指标评分	综合评分
东辽县金州乡金州小流域	水平梯田	0.053±0.006a	0.428±0.021b	0.081±0.011a	0.563±0.041b
东辽县合兴村荣华小流域	水平梯田	0.046±0.004b	0.559±0.021a	0.021±0.003b	0.626±0.032a
柳河县荣家小流域	水平梯田	0.033±0.003c	0.254±0.008c	0.082±0.006a	0.370±0.012c
柳河县泉眼村泉眼小流域	坡式梯田	0.180±0.012a	0.248±0.013a	0.077±0.014a	0.506±0.021a
辉南县西南岔韩家街小流域	坡式梯田	0.183±0.009a	0.191±0.013b	0.077±0.013a	0.452±0.031a
辉南县磨石沟村磨石沟小流域	地埂植物带	0.198±0.021a	0.154±0.017b	0.072±0.009a	0.425±0.019b
敦化市大桥乡于家村小流域	地埂植物带	0.197±0.008a	0.213±0.013b	0.013±0.004b	0.424±0.021b
东辽县合兴村荣华小流域	地埂植物带	0.200±0.021a	0.594±0.023a	0.021±0.003b	0.815±0.035a

注：同措施间分析差异显著性，不同小写字母表示差异显著（$p<0.05$）

2.2.3.2 不同土层厚度水土保持措施适宜性评价结果

由表2.10可知，从土层厚度来看，0～19.9cm处的水平梯田和地埂植物带的水土保持措施综合评分为较不适宜，20～39.9cm处三种水土保持措施综合评分为中等适宜，40～70cm处水平梯田和地埂植物带的水土保持措施综合评分为较适宜。

研究区坡面土层厚度0～19.9cm处，三种水土保持措施适宜性综合评分由高到低排序为：坡式梯田>地埂植物带>水平梯田，差异显著（$p<0.05$）。结合上述分析可知，其原因是19.9cm土层厚度坡面上坡式梯田经济指标评分极低（成本较大，占地较大），而地埂植物带成本较低，且生态评分也较高，因此适应性较好。

土层厚度20～39.9cm处，三种水土保持措施适宜性综合评分由高到低排序为：地埂植物带>坡式梯田>水平梯田，坡式梯田和水平梯田的评分无显著差异，地埂植物带与两者差异显著（$p<0.05$），其原因是水平梯田经济指标评分极低（成本较大，占地较大），且三者生态指标评分差异较小。

表 2.10 研究区不同土层厚度各类水土保持措施适宜性状况

措施	土层厚度/cm	经济指标评分	生态指标评分	管护指标评分	综合评分
水平梯田	0～19.9	0.0201±0.0021b	0.2151±0.0216b	0.0776±0.0096a	0.3225±0.0346b
	20～39.9	0.0628±0.0045a	0.3265±0.0312b	0.0662±0.0056a	0.4764±0.0268b
	40～70	0.0543±0.0032a	0.6175±0.0156a	0.0542±0.0012a	0.7614±0.0423a

续表

措施	土层厚度/cm	经济指标评分	生态指标评分	管护指标评分	综合评分
坡式梯田	0～19.9	0.0087±0.0048c	0.0307±0.0175c	0.0288±0.0045b	0.4462±0.0219b
	20～39.9	0.1821±0.0049a	0.2589±0.0124a	0.5214±0.0023a	0.5241±0.0316a
	40～70	—	—	—	—
地埂植物带	0～19.9	0.1958±0.0062a	0.1036±0.0135b	0.0122±0.0045b	0.3812±0.0531b
	20～39.9	0.1972±0.0094a	0.2759±0.0241b	0.0161±0.0026a	0.5634±0.0136b
	40～70	0.1981±0.0162a	0.5354±0.0136a	0.0157±0.0044a	0.8122±0.0361a

注：表中“—”表示没有数值，同措施间分析差异显著性，不同小写字母表示差异显著（$p<0.05$）

研究区土层厚度40～70cm处没有坡式梯田，该厚度土层的水土保持措施适宜性综合评分为地埂植物带大于水平梯田，差异不显著，且评分均超过0.75。

2.2.3.3 不同坡度水土保持措施适宜性评价结果

由表2.11可知，3°～5.9°的坡式梯田的水土保持适宜性综合评分为较不适宜，8.1°～15°的水平梯田、6°～8°和12.1°～15°的坡式梯田、6°～8°的地埂植物带的水土保持适宜性综合评分为中等适宜，6°～8°的水平梯田的水土保持适宜性综合评分为较适宜，3°～5.9°的地埂植物带的水土保持适宜性综合评分为适宜。

表2.11 研究区不同坡度各类水土保持措施适宜性状况

措施	坡度/(°)	经济指标评分	生态指标评分	管护指标评分	综合评分
水平梯田	3～5.9	—	—	—	—
	6～8	0.0584±0.0024a	0.4140±0.0421a	0.1369±0.0086a	0.6095±0.0133a
	8.1～12	0.0517±0.0009a	0.3379±0.0212b	0.1075±0.0075a	0.4972±0.0229b
	12.1～15	0.0741±0.0056a	0.2993±0.0161c	0.0880±0.0046b	0.4615±0.0119b
坡式梯田	3～5.9	0.1931±0.0021a	0.1250±0.0096c	0.0685±0.0077a	0.3867±0.0127b
	6～8	0.1798±0.0017a	0.2282±0.0163a	0.0727±0.0049a	0.4808±0.0144a
	8.1～12	—	—	—	—
	12.1～15	0.1990±0.0012a	0.1839±0.0214b	0.0765±0.0095a	0.4595±0.0246a
地埂植物带	3～5.9	0.1994±0.0021a	0.5916±0.0315a	0.0200±0.0012a	0.8111±0.0346a
	6～8	0.1963±0.0021a	0.2124±0.0169b	0.0129±0.0045a	0.4218±0.0216b
	8.1～12	—	—	—	—
	12.1～15	—	—	—	—

注：表中“—”表示没有数值，同措施间分析差异显著性，不同小写字母表示差异显著（$p<0.05$）

研究区 3°～5.9°坡面坡式梯田和地埂植物带经济指标评分无显著差异；生态指标评分为地埂植物带大于坡式梯田，差异显著（$p<0.05$），其原因在于坡式梯田原有坡面土层较薄；管护指标评分为坡式梯田大于地埂植物带，差异显著（$p<0.05$），原因是地埂植物带保存率远小于坡式梯田；综合评分为坡式梯田小于地埂植物带，差异显著（$p<0.05$）。

研究区 6°～8°坡面水平梯田的经济指标评分远低于坡式梯田和地埂植物带，但生态指标评分远高于两者，三种措施综合评分由高到低排序为：水平梯田>坡式梯田>地埂植物带，差异显著（$p<0.05$）。

研究区 8.1°～12°坡面只有水平梯田一种水土保持措施，综合评分为 0.4972。

研究区 12.1°～15°坡面水平梯田经济指标评分小于坡式梯田，差异显著（$p<0.05$），原因是水平梯田成本远高于坡式梯田；生态指标评分为水平梯田大于坡式梯田，差异显著（$p<0.05$），原因是水平梯田的减沙率远高于坡式梯田；两者管护指标评分无显著差异；综合评分为水平梯田大于坡式梯田，但差异不显著。

2.2.3.4 整体评价

吉林省低山丘陵区主要坡面水土保持工程措施（水平梯田、坡式梯田、地埂植物带）在不同土层和坡度条件下，其适宜性为：

1）从土层厚度来看，0～19.9cm 处的水平梯田和地埂植物带为较不适宜，20～39.9cm 处的水平梯田和地埂植物带、0～39.9cm 处的坡式梯田为中等适宜，40～70cm 的水平梯田和地埂植物带为较适宜。

2）从坡度来看，3°～5.9°的坡式梯田为较不适宜，8.1°～15°的水平梯田、6°～8°和 12.1°～15°的坡式梯田 6°～8°的地埂植物带为中等适宜，6°～8°的水平梯田为较适宜，3°～5.9°的地埂植物带为适宜。

2.3 坡面水土保持措施理水减蚀功能

坡面水土保持措施的减蚀功能受降雨、地形等因素综合影响，随着全球气候变化加剧和水土保持精细化治理要求提高，有关不同措施减蚀效果的降雨和地形变化响应受到越来越多关注，但在东北黑土区对此的研究尚不足。为此，本书收集了东北黑土区范围内及临近的几乎所有水土保持实验观测站点的径流小区观测资料，并按如下标准进行筛选：①径流小区为天然降雨观测；②相同站点的临近径流小区中至少设有 1 个裸地对照小区；③布设水土保持措施的径流小区仍以耕地为土地利用方式；④至少包含连续 2 年及以上的降雨和土壤侵蚀观测数据。根据以上标标，共筛选出 8 个站点（图 2.6）、36 种地表处理方式的径流小区观测数据集（径流小区基本情况见表 2.12），包含 5 种常见水土保持措施或耕作方式，分别为免耕、顺坡垄作、横坡垄作、梯田和地埂植物带。

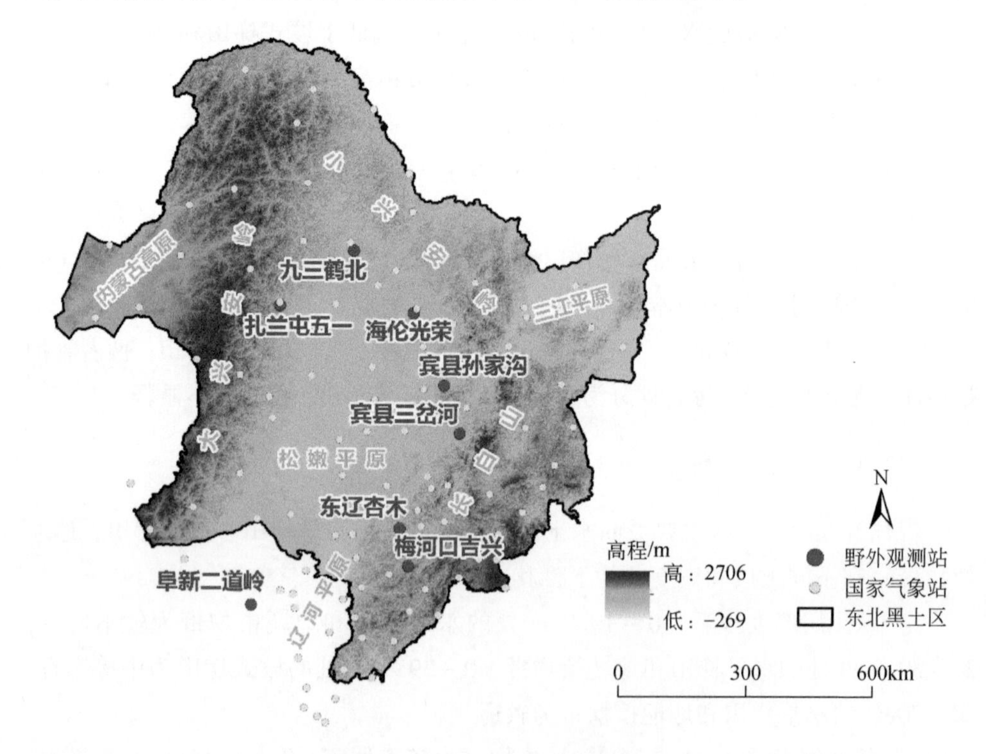

图 2.6　径流小区分布情况

表 2.12　径流小区基本情况

观测站点名称	观测站点位置	观测年份	小区数量	坡度/(°)	坡长/m	坡宽/m
黑龙江省宾县三岔河	44°43′5″N，127°38′33.5″E	2004～2006 年	4	6	30	5
黑龙江省宾县孙家沟	45°44′57″N，127°24′47″E	2014～2018 年	3	3；5	20	5
黑龙江省海伦光荣	47°20′51″N，126°50′59″E	2012～2020 年	7	5	20	4.5

续表

观测站点名称	观测站点位置	观测年份	小区数量	坡度/(°)	坡长/m	坡宽/m
黑龙江省九三鹤北	48°50′30″N, 125°18′00″E	2003～2007（除2005年）；2013～2015；2019～2020	7	5	20	5
吉林省梅河口吉兴	42°12′23″N, 125°29′50″E	2004～2006年	3	7	30	5
吉林省东辽杏木	42°59′38″N, 125°24′25″E	2013～2020年	5	3；5；8	20	5
辽宁省阜新二道岭	41°51′20″N, 120°49′51″E	2004～2005年	4	12	30	5
内蒙古自治区扎兰屯五一	47°55′55″N, 122°43′12″E	2016～2018年	3	7	30	5

8个站点的径流小区数据观测年份不同，均介于2004～2020年。年内土壤侵蚀观测时间集中在6～9月，年降雨量介于328～635mm，均为降雨导致的水力侵蚀。根据收集到的降雨量和对应的土壤侵蚀量，统计获得各小区逐年、多年平均降雨量和对应土壤侵蚀量。所有径流小区的坡度介于3°～12°，坡长为20m或30m，坡宽为5m（除黑龙江省海伦光荣的径流小区宽为4.5m）。径流小区的坡度覆盖了东北黑土区的主要坡度范围，观测站的汛期雨量也介于东北黑土区的多年平均降雨上下限之间，具有较好的代表性（图2.7）。所有径流小区的土壤均与东北黑土区的农田土壤一致，具体包括黑土、棕壤、暗棕壤、草甸土4个土类。

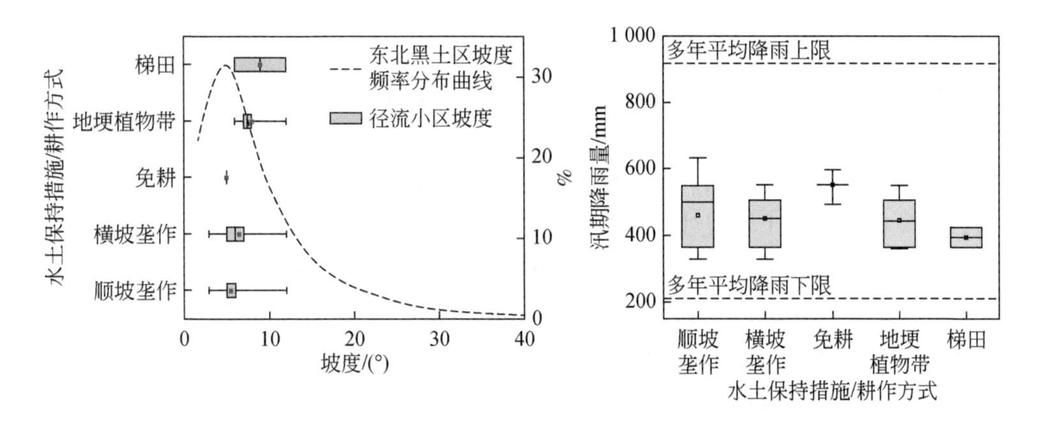

图2.7　不同措施径流小区的坡度及降雨范围

根据径流小区产流产沙观测资料，计算每个小区多年平均土壤流失量（A，t/hm^2）。由于不同径流小区的坡长存在差异，为消除坡长影响，首先采用 RUSLE（revised universal soil loss equation）算法，将所有径流小区的逐年和多年平均土壤侵蚀量，统一校正到坡长 20m 的条件：

$$A_{std}=L_{20}\cdot\left(\frac{A_i}{L_i}\right) \tag{2.2}$$

$$L_i=\left(\frac{\lambda}{20}\right)^m \quad m=\begin{cases}0.2, & \theta\leqslant 0.5°\\ 0.3, & 0.5°<\theta\leqslant 1.5°\\ 0.4, & 1.5°<\theta\leqslant 3°\\ 0.5, & \theta>3°\end{cases} \tag{2.3}$$

式中，A_{std}为校正的逐年或多年平均土壤侵蚀量（t/km^2）；A_i为第 i 小区的实测逐年或多年平均土壤侵蚀量（t/km^2）；L 为坡长因子；L_{20}为 20m 坡长对应的坡长因子；L_i为第 i 小区的坡长因子；λ 为小区实际坡长（m）；m 为经验系数。

结合土壤流失方程定义，采用减蚀系数表征水土保持措施的减蚀作用：

$$E_s=\frac{A_{std}-A_{stdc}}{A_{stdc}}\times 100 \tag{2.4}$$

式中，E_s为水土保持措施减蚀系数（%）；A_{stdc}为相同坡度、坡长的裸地小区土壤侵蚀量（t/km^2）。

图 2.8 显示了不同措施之间的年侵蚀量与减蚀系数差异。顺坡耕作虽不属于水土保持措施，平均校正土壤侵蚀量高达 $1865t/km^2$，但较裸地仍有一定减蚀作用，平均减蚀系数为 37.3%。其他 4 类水土保持措施的平均校正土壤侵蚀量基本介于 $140\sim350t/km^2$，平均减蚀系数达 91.5%，其中免耕、横坡垄作、地埂植物带、梯田的减蚀系数分别为 95.52%、89.07%、90.69% 和 94.75%，表明所有常见措施较裸地均具有显著的减蚀作用。5 种措施中，校正土壤侵蚀量和减蚀系数的极差、标准差总体均表现为：梯田与地埂植物带接近，均明显小于免耕和横坡垄作，而顺坡耕作的极差、标准差则分别高于其他 4 种水土保持措施（耕作方式）的 4～49 和 4～25 倍。这说明水土保持工程和生物措施的稳定性强于耕作措施，而顺坡耕作的土壤侵蚀强度变化剧烈。上述结果在一定程度受到不同措施间径流小区的样本数量及其坡度和观测期降雨差异的影响，但依然反映出地埂植物带和梯田的减蚀作用优于耕作措施（免耕和横坡垄作）、优于常见的无措施耕作方式（顺坡耕作），说明了布设水土保持措施对保护黑土地的有效性和必要性。

为了降低样本数量等外部因素导致的分析误差，使用元分析突出一定外部条件（降雨、坡度等）下对不同处理本身的减蚀作用变化进行比较，这种分析方

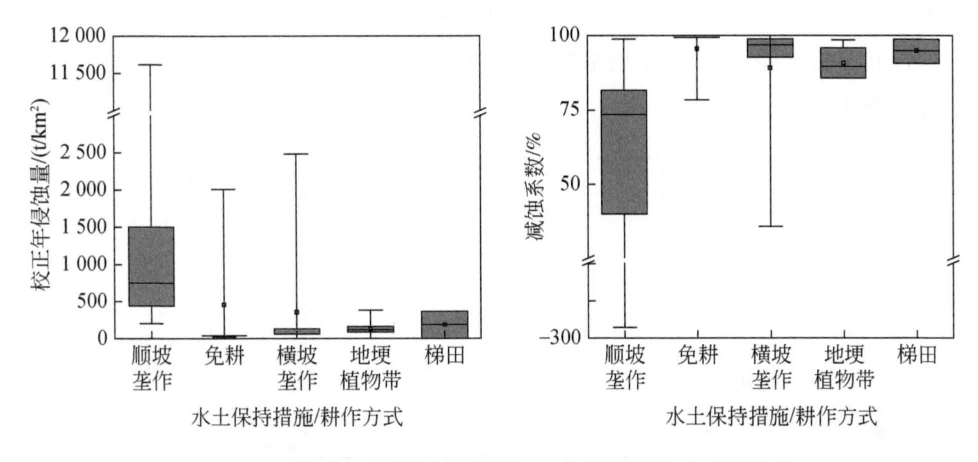

图 2.8　不同水土保持措施平均年土壤侵蚀模数及减蚀效率

法可降低不同处理间样本数量差异对减蚀作用评价结果影响。具体选取分类随机效应模型进行计算：

$$\mathrm{LRR}=\ln(\overline{X_t}/\overline{X_c}) \tag{2.5}$$

$$v=\frac{\mathrm{SD}_t^2}{N_t\overline{X}_t^2}+\frac{\mathrm{SD}_c^2}{N_c\overline{X}_c^2} \tag{2.6}$$

式中，LRR 为对数响应比，表示响应尺度，值越低说明水土保持措施的综合减蚀作用越好；$\overline{X_t}$，$\overline{X_c}$分别为不同分类条件下的评价组（某种水土保持措施或耕作方式）平均校正土壤侵蚀量、对照组（裸地）平均校正土壤侵蚀量（$\mathrm{t/km^2}$）；v 是样本方差；SD_t^2，SD_c^2 是对应$\overline{X_t}$，$\overline{X_c}$的标准差；N_t，N_c 分别为对应分类条件下的评价组样本数量。

图 2.8 对比了不同措施的校正土壤侵蚀量元分析结果，其值越低表明消除样本数量差异后的减蚀作用越强。综合图 2.8 和图 2.9 可以看出，顺坡垄作虽较裸地具有一定减蚀作用，但远弱于其他种水土保持处置措施，元分析结果值最大，为−1.51，且高于其他 4 种过量措施的均值。免耕、横坡垄非、地埂植物带、梯田 4 种水土保持措施中，免耕的元分析结果值最低（−4.13）且减蚀系数中位数（99.9%）和平均值（95.5%）均最高，但元分析方差和减蚀系数极差分别达 1.01 和 8.58%，说明该措施总体上具有最优的减蚀作用，但随坡度和降雨的变化，这种作用并不稳定。从校正土壤侵蚀量和减蚀系数来看，横坡耕作的减蚀作用仅次于免耕，但其极差仅次于顺坡垄作，居 4 种措施之首，减蚀系数变化于 35.8%～99.9%，且元分析方差高达 0.94，表明该措施减蚀作用也很不稳定。与

两种耕作措施相比，梯田和地埂植物带的校正土壤侵蚀量、减蚀系数均更为集中，且元分析方差最小，反映出两者在不同坡度和降雨条件下均具有较强且最稳定的减蚀作用。

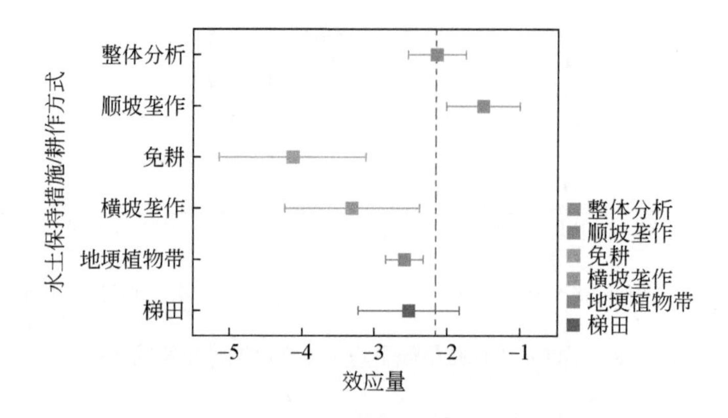

图 2.9　不同处理的减蚀作用元分析

不同坡度的各水土保持措施耕作方式的土壤侵蚀量元分析结果（图 2.10a）表明，5 种过量措施的减蚀作用总体都随坡度增大而减弱，相同坡度时，梯田的减蚀作用最佳。横坡垄作的减蚀作用在坡度 7°以下仅次于梯田，当坡度超过 7°后次优位置被地埂植物带取代。同时，相较于地埂植物带，横坡垄作的减蚀作用

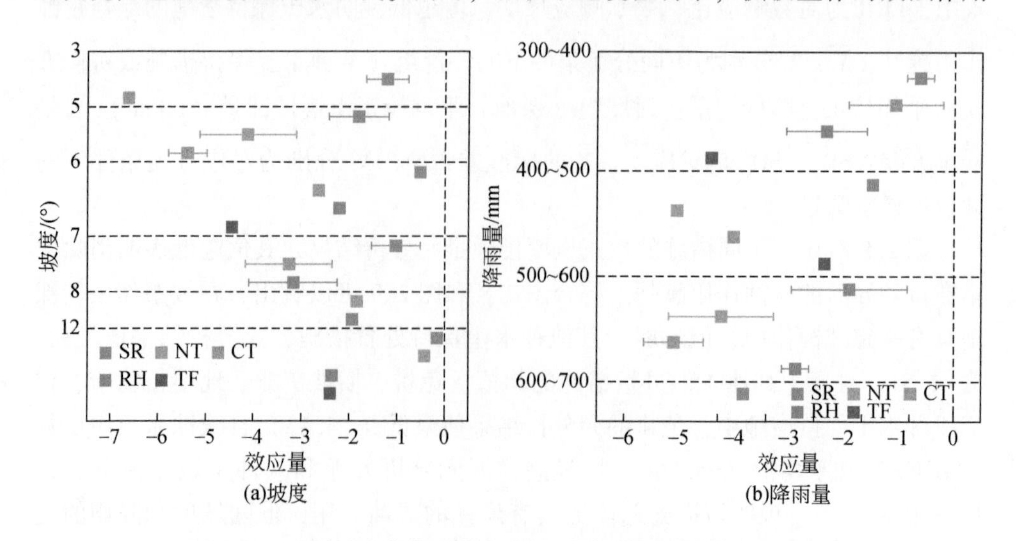

图 2.10　不同坡度或降雨范围下水土保持措施减蚀作用元分析

注：SR 代表顺坡垄作，NT 代表免耕，CT 代表横坡垄作，RH 代表地埂植物带，TF 代表梯田

对坡度变化更为敏感，坡度达12°时横坡垄作的元分析结果值与减蚀作用最弱的顺坡垄作接近，而地埂植物带的元分析结果值则与减蚀作用最佳的梯田基本一致。

不同降雨量区间的各处理土壤侵蚀量元分析结果（图2.10b）表明，降雨对各处理的减蚀作用存在较明显影响，随降雨区间变化，不同处理间的减蚀作用优劣排序存在变化。其中，在整个700mm降雨范围内，顺坡垄作的减蚀能力均最弱，横坡垄作的元分析方差在多数降雨区间较大，表明其减蚀作用随降雨变化的不稳定性，而地埂植物带则始终具有居中但稳定的减蚀作用。受样本条件限制，免耕径流小区的坡度均不超过5°，但在600mm降雨范围内，均表现出较为突出的减蚀作用。

由上可知，降雨和坡度是决定东北黑土区土壤侵蚀的最主要自然因素，也是水土保持措施选择及其减蚀作用发挥的重要依据和限制条件，且在实际中共同作用，产生综合影响。为此，采用降雨量（P）和降雨侵蚀力（R）、坡度（θ）和坡度因子（S）分别表征两个因素，并进行组成$P\cdot\theta$、$P\cdot S$、$R\cdot\theta$、$R\cdot S$四个组合指标，与对应的土壤侵蚀量、减蚀系数进行统计分析，以探求降雨和坡度对水土保持措施减蚀作用的耦合影响。其中，R和S分别采用下式计算：

$$R=\sum_{j=1}^{8}R_j \tag{2.7}$$

$$R_j=\frac{1}{N}\sum_{i=1}^{N}\sum_{k=0}^{N}(\alpha\cdot P_{i,j,k}^{1.7265}) \tag{2.8}$$

$$S=\begin{cases}10.8\sin\theta+0.03, \theta<5^\circ\\16.8\sin\theta-0.5, 5\leqslant\theta<10^\circ\\21.9\sin\theta-0.96, \theta\geqslant10^\circ\end{cases} \tag{2.9}$$

式中，R为多年平均6~9月降雨侵蚀力［MJ·mm/(hm^2·h)］；j为6~9月中第j（1，2，…，8）个半月；R_j为6~9月中第j（1，2，…，8）个半月降雨侵蚀力［MJ·mm/(hm^2·h)］；i为径流小区第i（1，2，…，N）年观测序列；k为发生侵蚀性降雨（日雨量大于12mm）第k（1，2，…，m）日；$P_{i,j,k}$为第k日的侵蚀性降雨量（mm），若某半月内没有侵蚀性降雨发生则记为0；α为模型参数；S为坡度因子；θ为坡度（°）。

选取减蚀作用受降雨、坡度影响最为敏感的免耕、横坡垄作、地埂植物带3种水土保持措施，将其校正土壤侵蚀量和减蚀系数，与降雨-坡度组合指标进行相关分析。结果表明（表2.13），3种水土保持措施的校正土壤侵蚀量、减蚀系数均与4个坡度-降雨组合指标分别存在正相关和负相关关系。整体上看，除

$R \cdot \theta$外，观测数据整体与其余3个坡度-降雨组合指标的相关关系通过显著性检验，且与$P \cdot S$最为相关，分别在$p<0.05$和$p<0.01$水平下呈显著正相关和极显著负相关。

表2.13　校正侵蚀量与减蚀系数与坡度-降雨耦合因子的相关性

措施		$R \cdot S$	$P \cdot S$	$R \cdot \theta$	$P \cdot \theta$
横坡垄作	校正侵蚀量	0.65	0.80**	0.40	0.62
	减蚀系数	-0.72*	-0.86**	-0.46	-0.68*
免耕	校正侵蚀量	-0.62	0.72	-0.62	0.72
	减蚀系数	0.63	-0.71	0.63	-0.71
地埂植物带	校正侵蚀量	0.75	0.88*	0.49	0.73
	减蚀系数	-0.37	-0.29	-0.39	-0.37
整体分析	校正侵蚀量	0.32	0.46*	0.17	0.38
	减蚀系数	-0.53*	-0.66**	-0.34	-0.55*

*为$p<0.05$水平下显著相关，**为$p<0.01$水平下显著相关

2.4　坡面水土保持措施有效应用范围

目前东北黑土区大多单纯依据坡度确定适宜的水土保持措施，根据《黑土区水土流失综合防治技术标准》（SL 446—2009），通常按3°以下采用等高改垄、3°~5°修筑地埂植物带、>5°修筑梯田进行措施配置。虽简明易行，但忽略了区域尺度上，降雨及其与坡度综合对措施水土保持功能的影响。鉴于横坡改垄和地埂植物带目前在东北黑土区应用最广，且水土保持功能与降雨、坡度的变化响应密切，因此对其减蚀功能衰减规律做进一步研究。

为确定不同水土保持措施在整个东北黑土区有效应用的范围分布，首先生成全区降雨和坡度组合指标的栅格数据，然后依据所确定的不同措施有效应用的组合指标上限，判定并提取其有效应用区域分布，并统计对应面积。其中，降雨指标基于东北黑土区及其缓冲区（边界外延100km）范围内100个国家气象站点1950~2010年的6~9月降雨数据，在ArcGIS软件中采用反距离加权插值（inverse distance weighted，IDW），获得20m分辨率的东北黑土区多年平均6~9月降雨量和降雨侵蚀力分布。同时，为分析降雨偏丰时的水土保持措施有效应用范围，首先绘制各站点6~9月降雨量和降雨侵蚀力Person-Ⅲ曲线，并以$p>37.5\%$为标准确定对应的丰水年取值，然后采用同样插值方法，获取20m分辨

率的东北黑土区多年平均6～9月偏丰降雨量和降雨侵蚀力分布。坡度指标选用日本国家空间发展局发射的ALOS（Advanced Land Observation Satellite）卫星生产的12.5m分辨率DEM数据，在ArcGIS软件中重采样为20m分辨率后，采用空间分析与栅格计算工具，生成坡度因子和6～9月降雨量分布图（图2.11）。

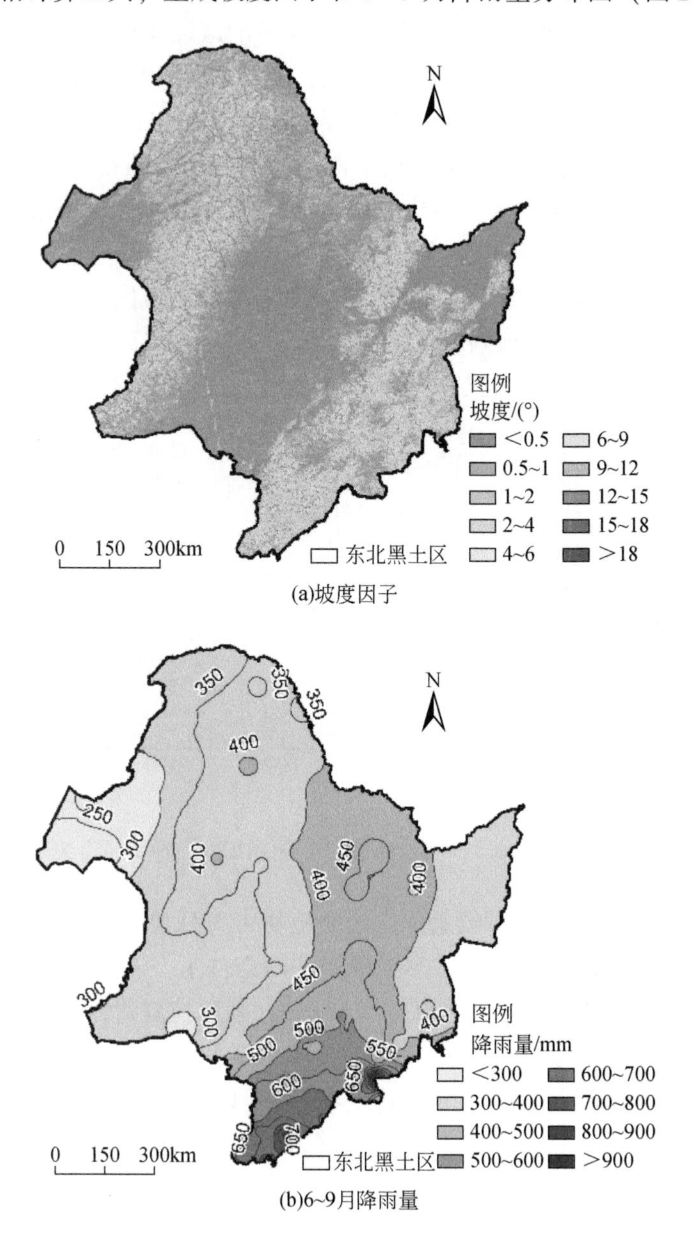

图2.11　东北黑土区坡度因子、6～9月降雨量空间分布情况

选取相关性最佳的 $P \cdot S$ 与免耕、横坡垄作、地埂植物带 3 种水土保持措施的校正土壤侵蚀量进行拟合。结果表明（图 2.12），3 种措施的校正侵蚀量均与 $P \cdot S$ 呈显著的指数递增关系。其中，随 $P \cdot S$ 增大，免耕的校正土壤侵蚀量最早出现明显增大的拐点，且整体增幅最大，横坡垄作次之，地埂植物带的增幅最小。由此表明，3 种常见水土保持措施中，免耕的减蚀作用受降雨、坡度的影响最大，而地埂植物带在不同降雨、坡度条件下的减蚀作用最为稳定。以东北黑土区的容许土壤流失量（200t/km²）作为减蚀目标，根据拟合所得的指数统计关系，可确定出这 3 种水土保持措施土壤侵蚀量控制到减蚀目标时的 $P \cdot S$ 上限，分别为免耕 564mm、横坡垄作 885mm、地埂植物带 1135mm。当需要防治地点的 $P \cdot S$ 值小于某一措施的上限值时，则意味着对应措施可将当地的土壤侵蚀强度控制到容许土壤流失量以下，属于对应措施的有效应用范围。因此，黑土地坡面水土保持措施布设需要因地制宜、精准施策。

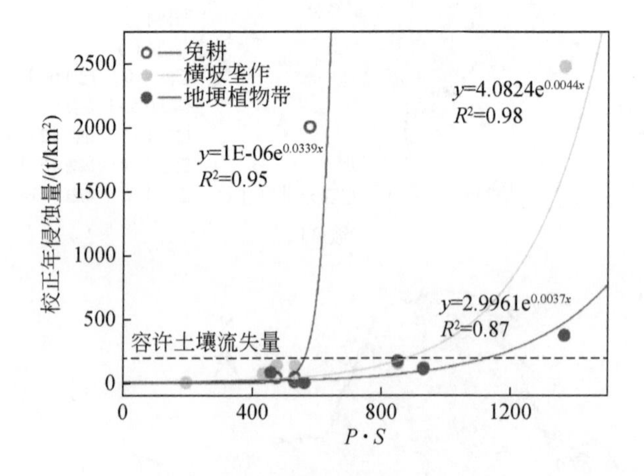

图 2.12　不同水土保持措施修正土壤侵蚀量与 $P \cdot S$ 拟合关系

图 2.13 显示了免耕、横坡垄作、地埂植物带 3 种典型水土保持措施在东北黑土区可有效应用的范围分布。多年平均降雨条件下，若只考虑坡度和降雨限制，则 3 种措施中任意一种措施均可将土壤侵蚀强度控制到容许土壤流失量以下的有效应用区域面积为 74.32 万 km²，占全区总面积的 68.11%（图 2.13e），而 3 种措施均无法将土壤侵蚀强度控制容许土壤流失量以下的区域面积为 22.60 万 km²，占全区总面积的 20.71%（图 2.13e）。从有效应用区域的分布情况看，在该区东北部的三江平原、中部的松嫩平原和辽河平原、西部的内蒙古高原等地形平坦地区，3 种典型水土保持措施均能有效应用，但在大兴安岭、小兴安岭和长白山的

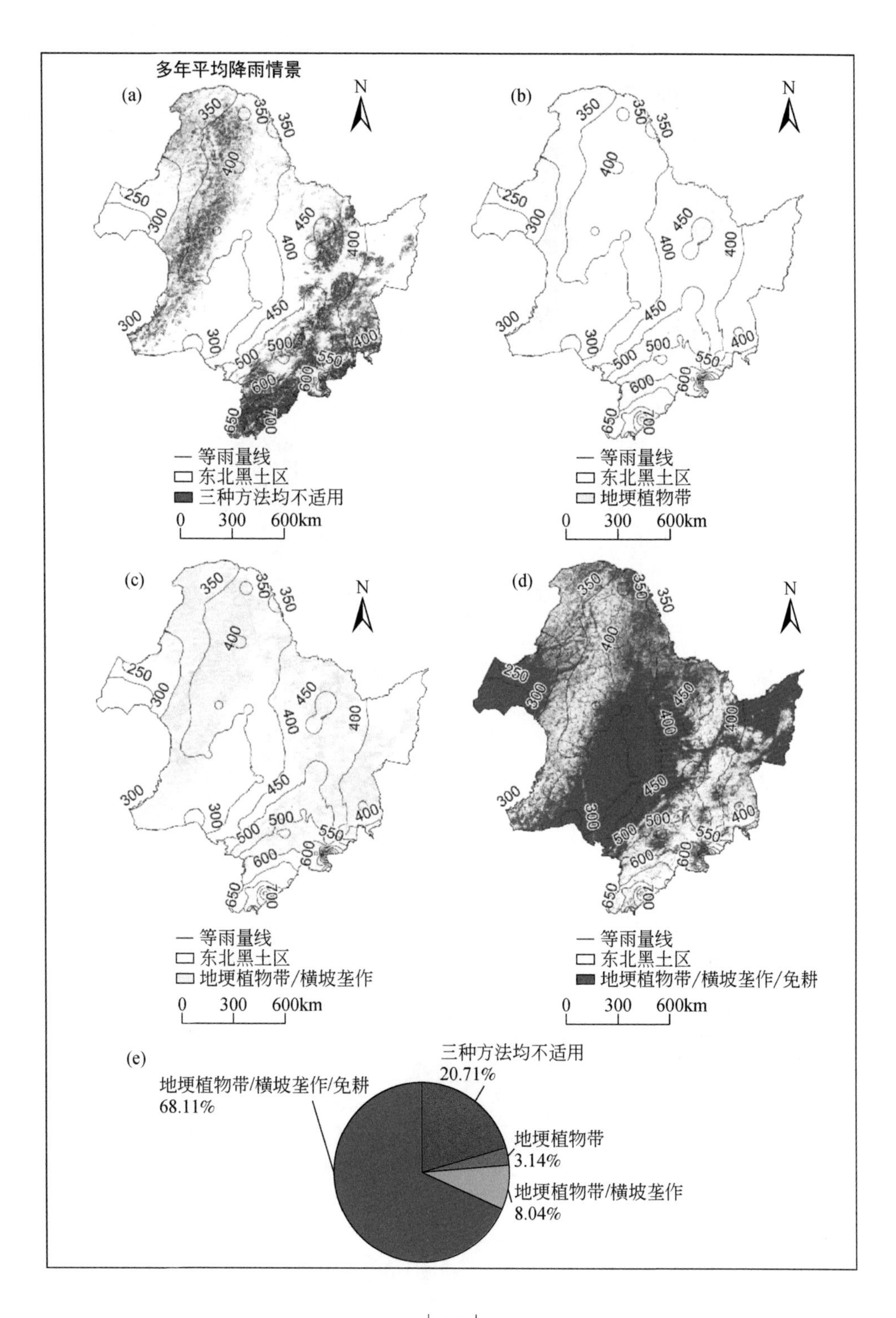
多年平均降雨情景
(a)
(b)
(c)
(d)
N
一 等雨量线
□ 东北黑土区
■ 三种方法均不适用
□ 地埂植物带
□ 地埂植物带/横坡垄作
■ 地埂植物带/横坡垄作/免耕
0 300 600km
(e)
三种方法均不适用
20.71%
地埂植物带/横坡垄作/免耕
68.11%
地埂植物带
3.14%
地埂植物带/横坡垄作
8.04%

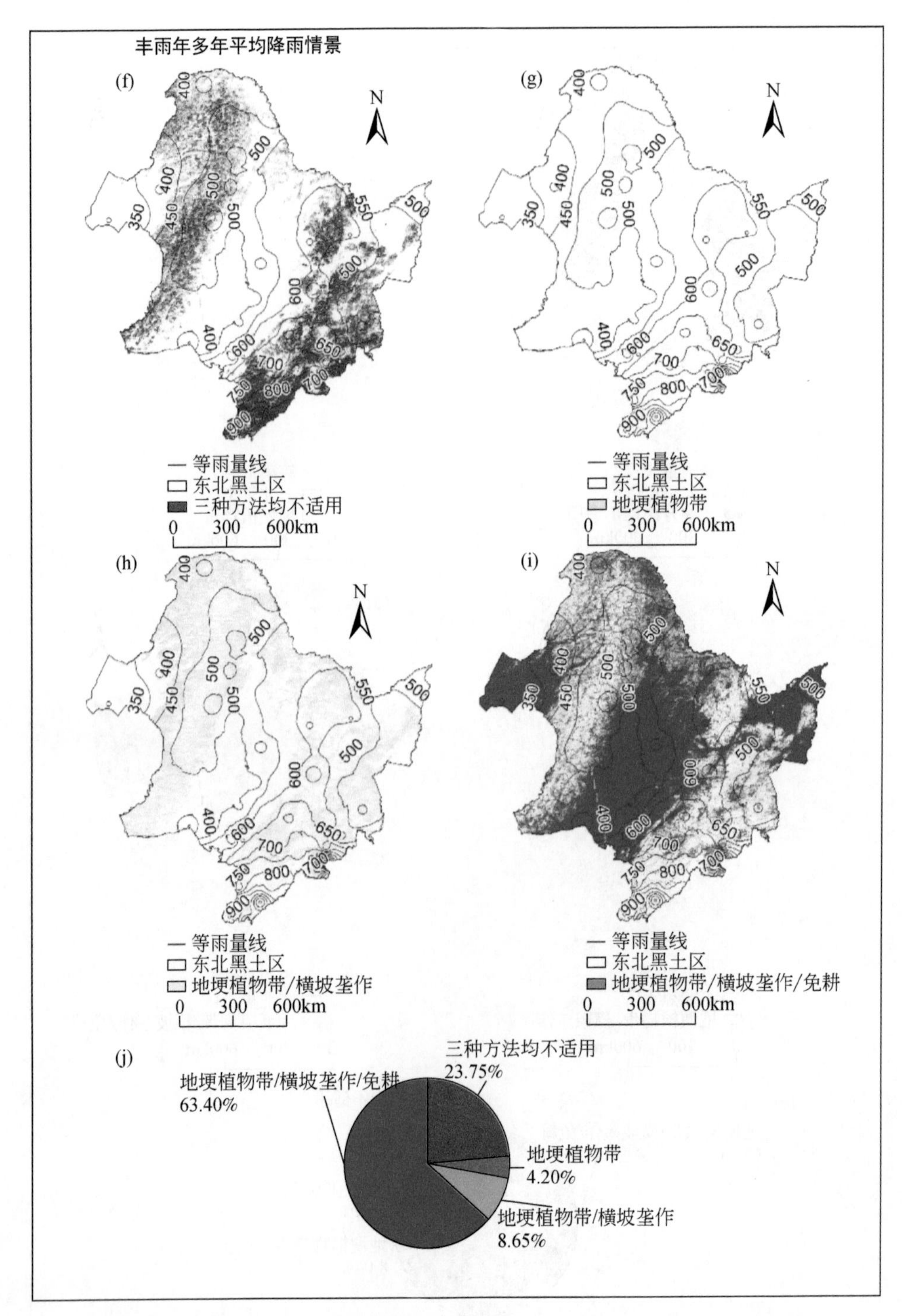

图 2.13 不同降雨条件下地埂植物带、横坡垄作、免耕在东北黑土区的适用范围

山前丘陵与漫岗地区，单纯的免耕措施则难以达到减蚀的目标，而在坡度更大的山地区域及受海洋季风影响而降雨在全区最高的辽东半岛，仅仅依靠任何单一的水土保持措施都无法将土壤侵蚀强度控制到容许土壤流失量以下。

强降雨将导致水土保持措施的减蚀作用及其稳定性减弱，当东北黑土区的降雨由多年平均水平增大至历史偏丰水平后，全区 6 ~ 9 月降雨量普遍提高 100 ~ 200mm，且东部地区涨幅强于西部地区，尤其是辽宁省东部和吉林省东南部的局部地区雨量分别由 750mm 与 850mm 增至 1000mm 以上，导致这 3 种典型水土保持措施的有效应用范围均出现收缩（图 2. 12f ~ 图 2. 12i）。从典型措施有效应用范围的空间变化看，在大小兴安岭和长白山的山前丘陵和漫岗地区，能够达到减蚀目标的可选措施种类减少，横坡垄作和地埂植物带的有效应用范围整体向山麓低海拔方向和平原地势平缓处收缩。

通过空间叠加分析，获得不同措施有效应用范围的变化面积，结果表明（图 2. 13），降雨偏丰条件下，3 种措施中任意一种措施均可将土壤侵蚀强度控制到容许土壤流失量以下的有效应用区域面积减少为 69. 18 万 km^2，占全区总面积的 63. 40%，而 3 种措施均无法将土壤侵蚀强度控制容许土壤流失量以下的区域面积扩大为 25. 92 万 km^2，占全区总面积的 23. 75%。

2. 5 本章小结

1）东北黑土区 50 个国家水土保持重点工程项目区的大样本调查评价结果表明，坡面水土保持措施保存率平均为 56. 51%，且存在明显的类别和区域分异，生态节地型措施的保存率相对较高，其中改垄、整地和经果林等措施保存较好，水平梯田、坡式梯田和地埂植物带的保存率不足 60%。现有坡面水土保持措施因占地等因素制约了整体水土保持措施的保存率，一半以上工程措施实施后难以维持，适宜性欠佳。在东北漫川漫岗土壤保持区，各类水土保持措施整体保存率最低；大规模、机械化的农业耕作方式，给水土保持措施的实施和保存带来较大挑战，需要对传统水土保持措施进行优化提升，探索适宜东北长缓地形的农田水土保持新措施和新技术。

2）对位于吉林省低山丘陵区的柳河、辉南、敦化和东辽 4 县（市）的国家水土保持重点工程项目区的调查样地（36 处）的坡耕地主要水土保持措施适宜性进行了评价。从土层厚度来看，0 ~ 19. 9cm 处的水平梯田和地埂植物带为较不适宜的水土保持措施，20 ~ 39. 9cm 处的水平梯田和地埂植物带、0 ~ 39. 0cm 处的坡式梯田为中等适宜的水土保持措施，40～70cm 的水平梯田和地埂植物带为较适宜的水土保持措施；从坡度来看，3°～5.9°的坡式梯田为较不适宜的水土保持措施，8.1°～15°的水平梯田、6°～8°和 12.1°～15°的坡式梯田及 6°～8°的地埂植物带为中等适宜的水土保持措施，6°～8°的水平梯田为较适宜的水土保持措施，3°～5.9°的地埂植物带为适宜的水土保持措施。总体上，工程措施较生物措施具有更优的减蚀保土能力，也存在更高的实施成本和更大的管护挑战。对于低山丘陵区的水平梯田而言，目前主要存在设计不精细、配套不完善、修筑扰动强等问题，影响了水土保持功能持续稳定发挥及大范围推广应用。

3）东北黑土区 8 个监测站点实测资料分析结果表明，免耕、横坡垄作、地埂植物带、梯田的减蚀系数分别为 95.52%、89.07%、90.69% 和 94.75%，表明所有常见措施均较裸地具有十分显著的减蚀作用；工程和生物措施的稳定性整体强于耕作措施。随雨季（6～9 月）降雨和坡度因子乘积值增大，免耕、横坡垄作和地埂植物带等三种措施的年侵蚀量同步增大，但斜率不同。其中，免耕增长斜率最大，说明随降雨和坡度增大，防蚀功能衰减最快；地埂植物带增长斜率最小，说明在不同坡度和降雨条件下的水土保持功能最为稳定。据此可确定免耕、横坡垄作和地埂植物带各自将坡耕地水土流失控制到容许土壤流失量以下的有效应用范围分别占全区总面积的 74.32%、76.15% 和 79.29%；三种措施中任意一种措施的有效应用范围占全区总面积的 68.11%，在降雨偏丰条件下，这一比例降至 63.40%。这些区域以外的地区单纯依靠横坡改垄和地埂植物带措施难以使得坡耕地水土流失控制到容许土壤流失量以下，需要补充其他适宜的工程措施。

3 垄作长缓坡侵蚀产沙的地形与沟垄变化响应

本章将针对东北黑土区不同坡长和垄作方式的侵蚀产沙过程及其水文和地形参数，采用原位放水冲刷和室内人工降雨模拟试验，分析10～70m坡长范围内横垄、斜垄、顺垄、秋翻地（无垄对照）4种垄作方式的产流产沙特征与侵蚀沉积分异，辨识顺垄坡耕地产汇流过程中的地表糙率（n）、水力半径（R_h）等关键水文参数的变化规律，确定横垄垄台损毁的关键水文参数阈值。研究成果可丰富有关黑土地侵蚀动力机制的理论认识，并为深入开展垄作长缓坡耕地产流产沙预测和有效开展黑土地保护提供科学依据。

3.1 不同垄作方式与坡长下的坡面水沙过程

东北黑土区地形长缓，加之普遍采取起垄耕作方式，坡耕地土壤侵蚀过程具有特殊性。目前有关坡长等地形因素对该区垄作长缓坡土壤侵蚀的影响研究，主要采用室内模拟、小区观测与核素示踪等方法，基于野外原位放水冲刷试验的研究并不多见，且除核素示踪分析的坡长范围较大外，其余研究中的坡长多未超过50m。为此，本研究在内蒙古自治区扎兰屯市的坡耕地内设置试验小区，采用原位放水冲刷控制试验，观测对比了横垄、斜垄、顺垄、秋翻地（无垄对照）4种垄作方式，在30L/min、60L/min、90L/min共3个放水流量，10m、30m、50m和70m不同坡长条件下的产流产沙变化（试验小区见图3.1）。

3.1.1 不同垄作方式的坡面产流产沙变化

4种垄作方式（无垄对照、顺坡垄作、斜坡垄作、横坡垄作）的试验小区的坡度为3°，坡长为30m，坡宽为3m，垄台宽为66cm垄台、高为17cm。对应研究区域20mm/h、40mm/h和60mm/h的雨强，分别按30 L/min、60L/min和90L/min 3种冲刷流量进行试验。每次冲刷试验的时长均为放水开始到出现产流

图 3.1　不同垄作方式坡耕地原位放水冲刷试验小区

后的 27min 终止，试验结束后填土将冲刷形成的水流路径填平、压实，保证不同试验场次间具有相同的初始下垫面条件，并在冲刷前 24h 对坡面进行均匀洒水，直至产流，以确保每次试验的前期土壤含水率一致。冲刷开始后，记录放水时间，坡面出现产流后的前 3min 每 1min 取样一次，共 3 次；之后每 3min 或 5min 取样 1 次，采集过程中记录各时段径流量，整个过程取样 9 次，用时 27min。样品烘干称重，计算径流率、含沙量、径流量、产流率等。

（1）不同垄作方式的产流时间变化

产流时间受坡面下垫面条件综合影响，不同垄作方式和放水流量都将导致产流时间不同。试验结果表明（图 3.2），冲刷流量越大，出现产流时间越早。其主要原因是放水流量越大，坡面水流动力强，坡面更易形成汇流路径，从而降低入渗能力，因此产流初始时间随冲刷流量增大而提前。然而，3 种冲刷流量下，顺坡垄作均最早产流，横坡垄作均最晚产流，不同垄作方式间的产流初始时间呈横坡垄作>斜坡垄作>秋翻地（无垄对照）>顺坡垄作。秋翻地作为对照，地表裸露、无沟垄耕作引起的微地貌起伏，因此无法截留上方水流，较早出现产流。顺坡垄作为坡面水流提供了天然路径，加快坡面流速，较秋翻地（无垄对照）产流提前。横坡垄作和斜坡垄作因垄沟对径流的拦蓄作用，降低了流速，促进了入渗，且所有垄沟内需蓄满径流后方可形成完整的坡面径流，故较秋翻地（无垄对照）产流滞后。

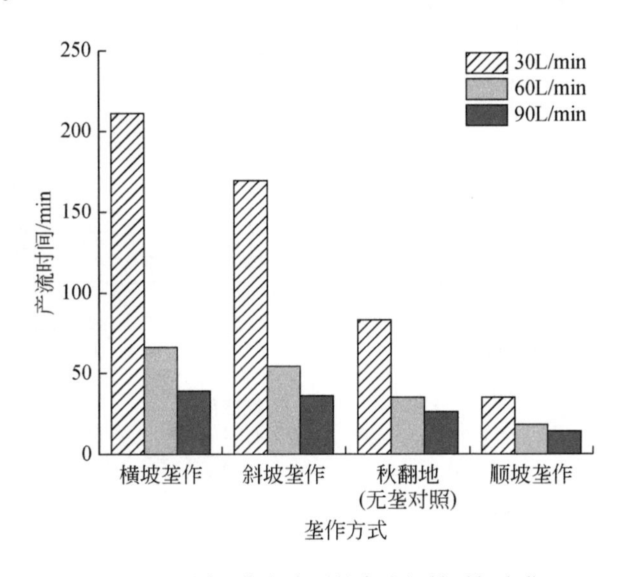

图 3.2　不同垄作方式下的产流初始时间变化

(2) 不同垄作方式的产流速率变化

试验结果表明（图 3.3），不同垄作方式的产流速率在产流初期均有明显增加趋势，而后某一时刻达到峰值后逐渐递减最终趋于平稳，但受放水流量大小影响，相互间产流速率变化不同。在 30L/min 冲刷流量下，横坡垄作和斜坡垄作的产流速率在 12min 前后出现明显峰值，之后逐步下降并趋于平稳；秋翻地（无垄对照）与顺坡垄作均呈缓慢增加趋势（图 3.3a）。在 60L/min 冲刷流量下，4 种垄作方式的产流速率均明显增加，且整体增加平缓。在冲刷流量增至 90L/min 后，横坡垄作和斜坡垄作的产流速率峰值提前至 9min，之后显著下降；此时秋翻地（无垄对照）与顺坡垄作的产流速率则无明显波动，均呈产流初期缓慢增加，之后在较窄区间小幅波动。对于横坡垄作和斜坡垄作坡面，再产流过程初期，由于持续放水，沟垄逐渐蓄满，径流漫过垄台，使产流速率达到峰值，之后随拦蓄径流排出，流速降低并趋于平稳；对于无垄和顺坡垄作坡面，因不存在径流拦蓄现象，产流开始后坡面入渗逐渐减弱，之后趋于平稳，使坡面径流缓慢增加后变化趋稳。当放水流量增大后，水流动力较大，垄台损毁提前，极易形成新的水流路径，因此大流量冲刷，不但地表产流量多，且产流速率峰值及其达到稳定的时间均会提前。

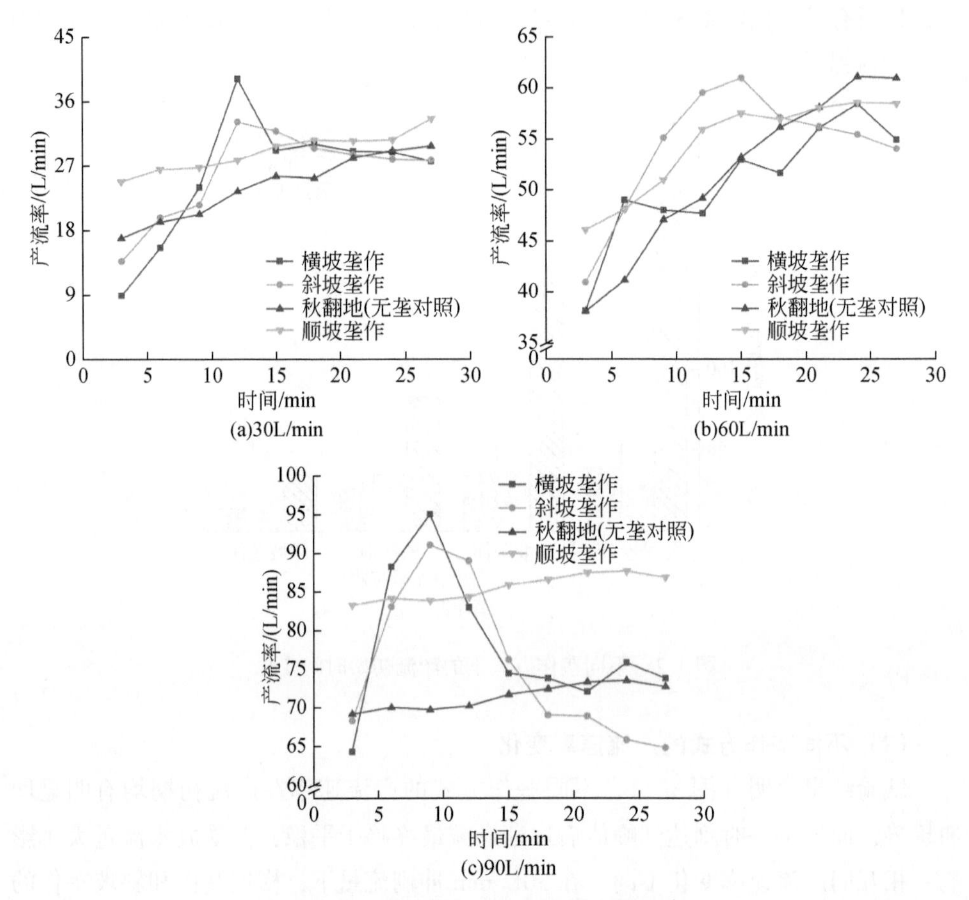

图 3.3　不同垄作方式下的产流率变化

(3) 不同垄作方式径流含沙量变化

径流含沙量随冲刷流量而变化，主要与土壤剥蚀情况、泥沙运移能力等有关。分析结果显示（图 3.4），不同垄作方式下的坡面径流含沙量基本都在初始阶段出现峰值，随后逐渐减小并趋于稳定。此过程与其他地区坡面产流产沙特征类似。原因在于放水冲刷前，坡面表层存在较多松散浮土，冲刷流量所产生的水流动力恰好能搬运这些分离状态的泥沙，因此初始径流含沙量最高。随径流持续冲刷，松散的分离状态泥沙逐渐减少，径流含沙量相应降低。整个放水冲刷过程中，后期的径流含沙以细沙为主，当整个坡面形态不发生明显变化时，径流含沙量趋于稳定。

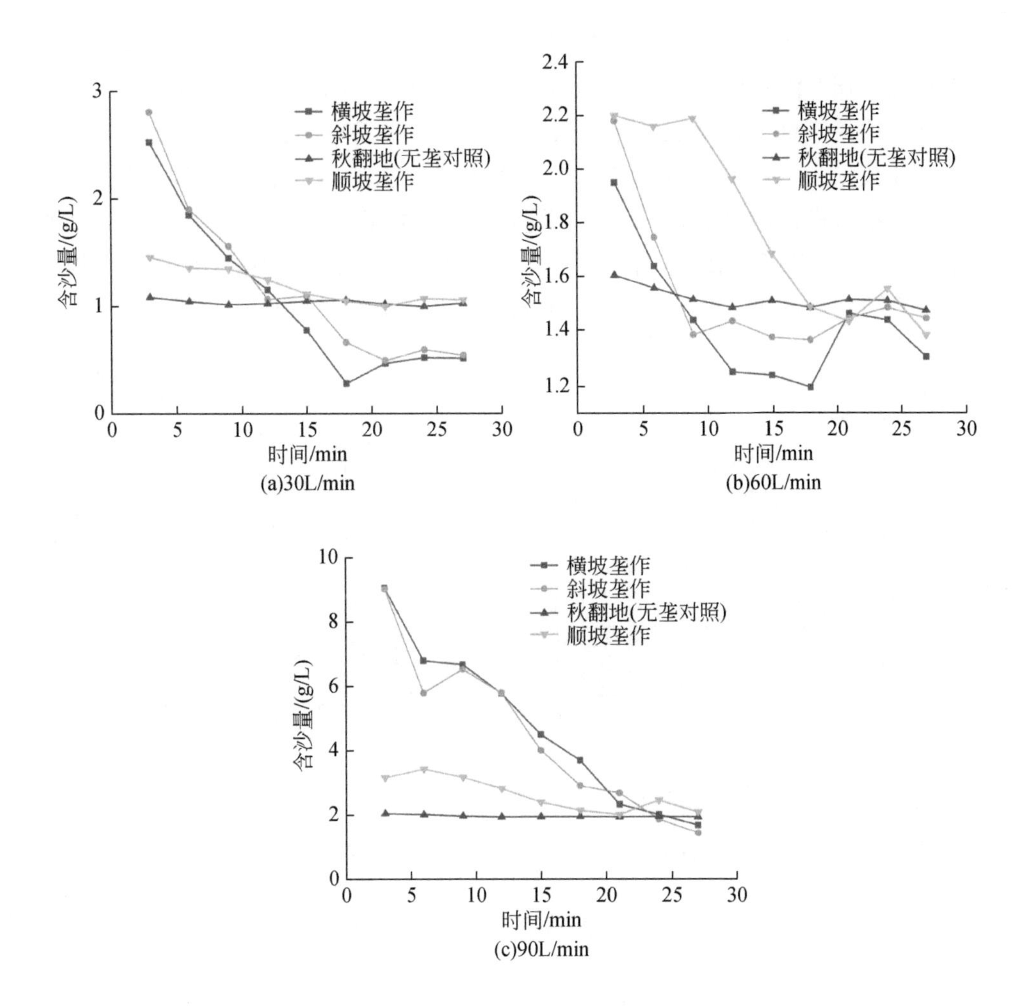

图 3.4　不同垄作方式下的径流含沙量变化

随冲刷流量增大，径流含沙量随之升高且变异系数增大。主要因为一方面放水冲刷初期坡面松散浮土提供了充足的侵蚀物源；另一方面较大放水流量具有的侵蚀动力导致坡面出现细沟，并持续下切造成细沟间侵蚀，致使含沙量及其变异系数增大。

以上结果表明，放水流量和垄作方式对坡面侵蚀过程影响显著，可采取增加垄沟宽度、压实耕作垄台等方式控制垄作坡耕地土壤侵蚀。

(4) 不同垄作方式的累积产流产沙变化

不同垄作方式下的累积产流量随冲刷流量的变化分析表明（图 3.5），累积产流量随冲刷流量增加而增大，呈 90L/min>60L/min>30L/min。相同放水流量下，不同垄作方式因改变坡面糙度差异导致累积产流变化，相同产流时段内，顺坡垄作的累积产流量相对较大，主要由于其具有相对稳定的坡面汇流路径，相同流量下土壤入渗更少且累积径流更大。秋翻地（无垄对照）在整个放水冲刷过程中产流较小，主要由于坡面径流与坡面土体接触较多，加之土壤疏松利于入渗。当冲刷流量达到90L/min时，不同垄作方式的累积径流量呈：顺坡垄作>横坡垄作>斜坡垄作>秋翻地（无垄对照），3种存在沟垄的坡面由于出现垄台损毁现象，导致径流量快速增加，因此累积径流量最终均超过秋翻地（无垄对照）。

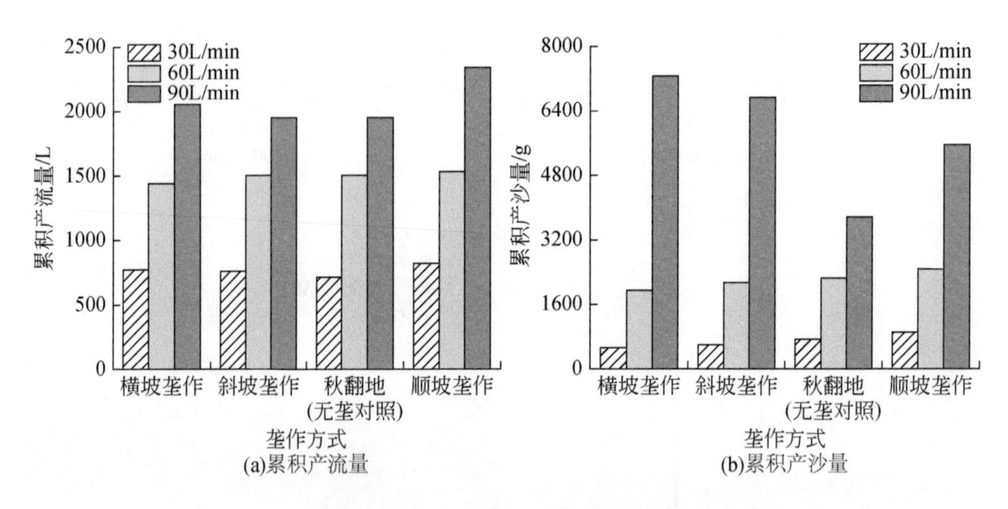

图3.5 不同垄作方式下的累积产流量和累积产沙量变化

冲刷流量是影响坡面土壤侵蚀的重要因素，相同垄作方式下的土壤侵蚀随冲刷流量增大而趋强。不同垄作方式下，因冲刷流量不同，累积产沙量存在不同变化。在30L/min和60L/min的冲刷流量下，土壤侵蚀呈：顺坡垄作>秋翻地（无垄对照）>斜坡垄作>横坡垄作。当冲刷流量增至90L/min时，横坡垄作与斜坡垄作的土壤侵蚀分别较30L/min时增加12.8倍和10.1倍，远超过冲刷流量增幅。秋翻地（无垄对照）和顺坡垄作的累积产沙量均随冲刷流量呈梯度增大。总体上，较小放水冲刷流量下，横坡垄作和斜坡垄作较秋翻地（无垄对照）可减缓土壤侵蚀；较大放水冲刷流量下，两种垄作方式的坡面土壤侵蚀反而加剧，呈：横坡垄作>顺坡垄作>斜坡垄作>秋翻地（无垄对照）。总体上，不同垄作方式的长缓坡耕地侵蚀产沙规律存在差异，主要受产流过程与特征影响。现有研究表明，耕作使坡面表层土壤重新分布，形成具有一定空间结构的微地形。不同垄作方式对表层土壤的扰动不同，形成的坡面微地形存在差异。就横坡垄作和斜坡垄作而言，由于存在垄沟蓄水和垄台拦水，上方来水需在垄沟蓄满后才能漫流下行或导致垄台破损后下泄，并相应造成冲刷侵蚀。长缓坡耕地上，由于径流侵蚀动力较陡坡弱，需达到更大冲刷流量才出现垄台损毁。因此，30L/min 和 60L/min 放水流量冲刷下，斜坡垄作与横坡垄作受缓坡和沟垄共同影响，发挥了明显的蓄水保土作用。当冲刷流量持续增大，垄台发生损毁，此时易形成沟蚀，加剧整个坡面的侵蚀产沙。

(5) 不同垄作方式的产流速率与含沙量相关分析

分析顺坡垄作、横坡垄作、斜坡垄作、秋翻地（无垄对照）在 30L/min、60L/min 和 90L/min 放水流量下的坡面产流量及其含沙量关系可知，30L/min 放水流量下，4 种垄作方式的径流含沙量与产流速率均在 0.01 置信水平显著相关；60L/min 放水流量时，顺坡垄作、斜坡垄作、秋翻地（无垄对照）3 种垄作方式的径流含沙量与产流速率在 0.01 置信水平显著相关；放水流量增至 90L/min 后，仅有顺坡垄作的径流含沙量与产流速率在 0.01 置信水平显著相关，此时斜坡垄作、横坡垄作、秋翻地（无垄对照）3 种垄作方式的径流含沙量与产流速率间均呈弱相关或不相关（图 3.6）。

总体上，放水流量较小时，坡面水流路径稳定，坡面细沟分支较少，径流含沙量波动性小；放水流量增大后，坡面水流路径开始多变，细沟分支增多，径流含沙量随时间波动。在此过程中，垄作方式通过影响坡面汇流路径，导致径流含沙量与产流速率间的关系变化，汇流路径越稳定的垄作方式，其径流含沙量与产流速率间相关性越强。

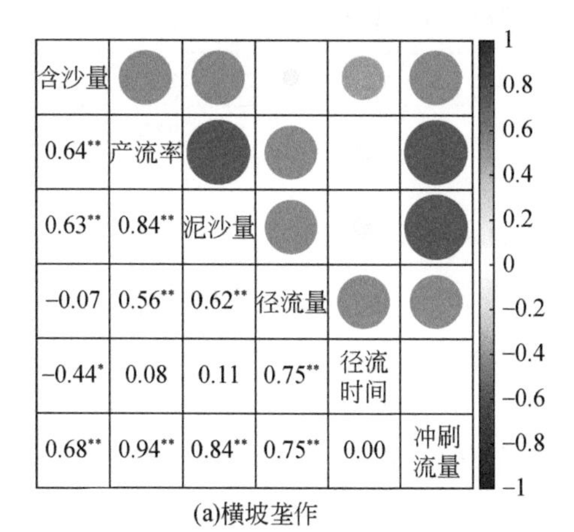

(a)横坡垄作

(b)斜坡垄作

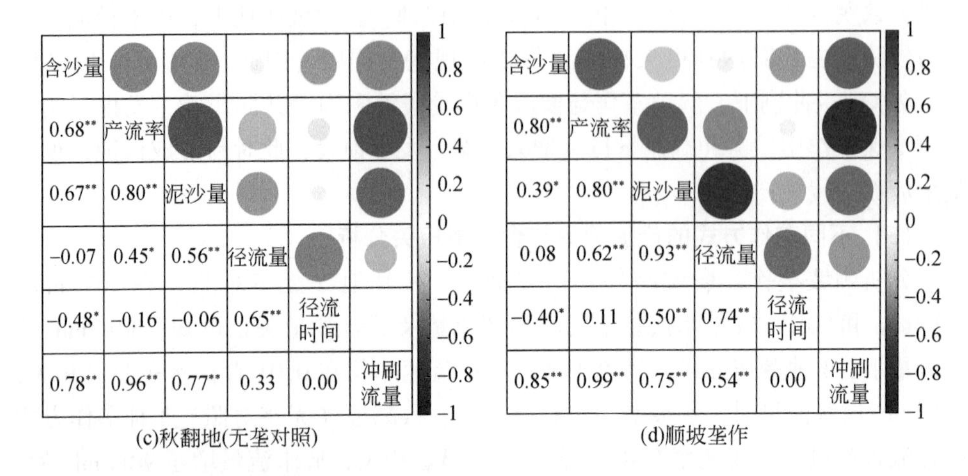

图 3.6　不同试验条件产流、产沙相关性分析

(6) 不同垄作方式的累积产流与产沙量关系分析

根据试验结果，分别拟合得到顺坡垄作、横坡垄作、斜坡垄作、秋翻地（无垄对照）4 种垄作方式下，累积产流量与累积产沙量的变化关系（表 3.1）。可以看出，不同垄作方式下，坡面累积产沙量均与累积产流间存在良好线性关系。其中，横坡垄作的斜率最大、秋翻地（无垄对照）的斜率最小，并且顺坡垄作、秋翻地（无垄对照）的相关关系较横坡垄作、斜坡垄作更为紧密。

表 3.1　累积产流量与累积产沙量间的关系

垄作方式	拟合方程	决定系数 R^2
顺坡垄作	$y=3.0821x-1840.2$	$R^2=0.9776$
横坡垄作	$y=5.2232x-4178.8$	$R^2=0.885$
斜坡垄作	$y=4.8214x-3674.8$	$R^2=0.8025$
秋翻地（无垄对照）	$y=2.4123x-1095.3$	$R^2=0.9769$

注：表中 y 为累积产沙量、x 为累积产流量

3.1.2　不同坡长下的产流产沙与沟蚀发育

(1) 不同坡长的产流过程变化

不同坡长坡面的产流起始时间存在差异，冲刷流量变化也对产流起始时间存在较大影响。4 种坡长的产流起始时间均呈 70m>50m>30m>10m，随坡长增大，

坡面面积扩大，相同流量越过垄台逐级拦蓄，入渗增加，产流起始时间延迟。随冲刷流量增加，径流动力增强，更易通过冲刷形成固定汇流路径，从而加速径流下行，使得产流起始时间提前（图 3.7）。

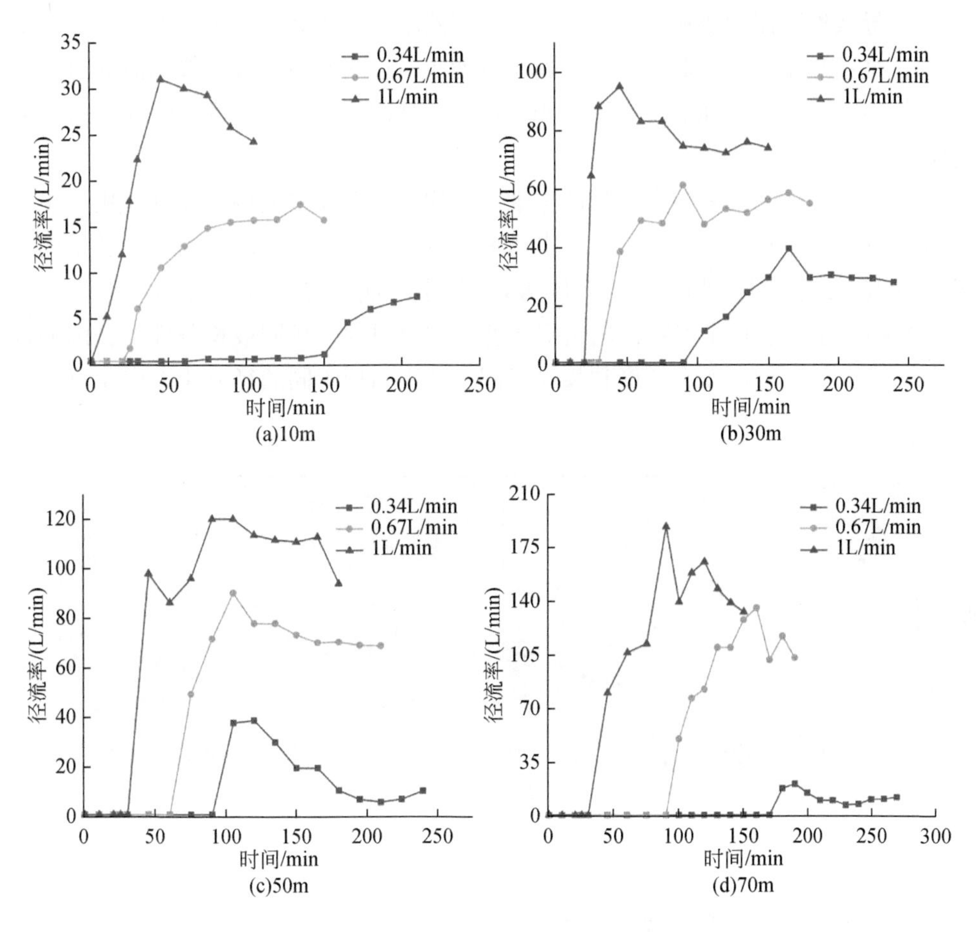

图 3.7　不同坡长下的径流速率变化

不同冲刷流量和坡长条件下的产流过程差异明显。坡长相同时，冲刷流量越大，径流速率越大。径流速率的变异随坡面延长而增大，随冲刷流量变化而波动。0.34L/min 放水流量下，30m、50m 和 70m 坡长的径流速率随时间呈增强、减弱、趋稳的变化过程，其中 30m 坡长波动较明显；10m 坡长的径流速率主要表现为先平稳、后递增的变化态势。0.67L/min 放水流量下，10m、30m 和 50m 坡长的径流速率均呈递增、递减、平稳的变化过程，此时 70m 坡长的径流速率反而波动明显。冲刷流量增至 1L/min 后，4 种坡长下的径流速率均呈先增强、后减弱、最后趋于平稳的变化规律（图 3.8）。由此可见，坡长与冲刷流量的变化均影响产流过程。其原因是垄作方式改变坡面微地貌，径流自上而下汇流冲刷过程中，需逐级蓄满垄沟方可继续下行，若出现垄台损毁，垄沟内拦蓄的径流快速排出，会导致坡面流量快速增加，径流速率突然增大，而后随垄沟内的径流减少而减弱，最后趋于稳定。此外，随冲刷流量增大，坡面垄台出现损毁的时间可能提前，损毁后形成的沟蚀宽度和深度相应扩大，从而导致径流速率更快、更大幅度地提高。

试验过程中，坡面垄台一旦产生细小跌坎，将会在水流持续冲刷作用下出现溯源侵蚀，并在小区中部逐渐形成贯通坡面且平行水流方向的细沟。伴随细沟发育，沟壁出现失稳坍塌，水流将再次接触两侧土壤出现入渗而降低流速（图 3.8）。上述过程是引起径流速率波动的重要原因。相同坡长条件下，因冲刷流量不同，导致细沟发育速度和规模不同，从而出现不同的径流速率变化过程与幅度。

图 3.8　坡面冲刷细沟侵蚀

（2）不同坡长的产沙过程变化

坡面径流向下汇流过程中，对土壤产生剪切冲刷力，造成土壤分离和搬运。冲刷强弱作为侵蚀产沙主要动力，对侵蚀过程有重要影响。通过分析含沙量随时间的变化特征，有助于进一步了解不同坡长条件的坡耕地土壤侵蚀过程。结果表明（图 3.9），无论坡长与冲刷流量如何变化，径流含沙量均随产流时间延长而逐渐减少，即产流初期的径流含沙量较高。这主要是因为产流初期阶段，地表存在的松散泥沙易被搬运，随产流时间延长松散泥沙逐渐减少，且坡面水流逐渐稳定。其中，10m、50m、70m 坡长下的径流含沙量基本在产流 3min 后减小并逐渐趋于稳定；但 30m 坡长下有所不同，表现为 1L/min 放水流量下初始含沙量最高，

17min 后减小逐渐趋于稳定，可见 30m 坡长的坡面在大流量水流冲刷下发生的侵蚀最为严重。因此，坡长对产沙过程的影响主要由侵蚀泥沙在坡面不同位置的搬运和沉积交替过程决定，并相应引起含沙量波动。

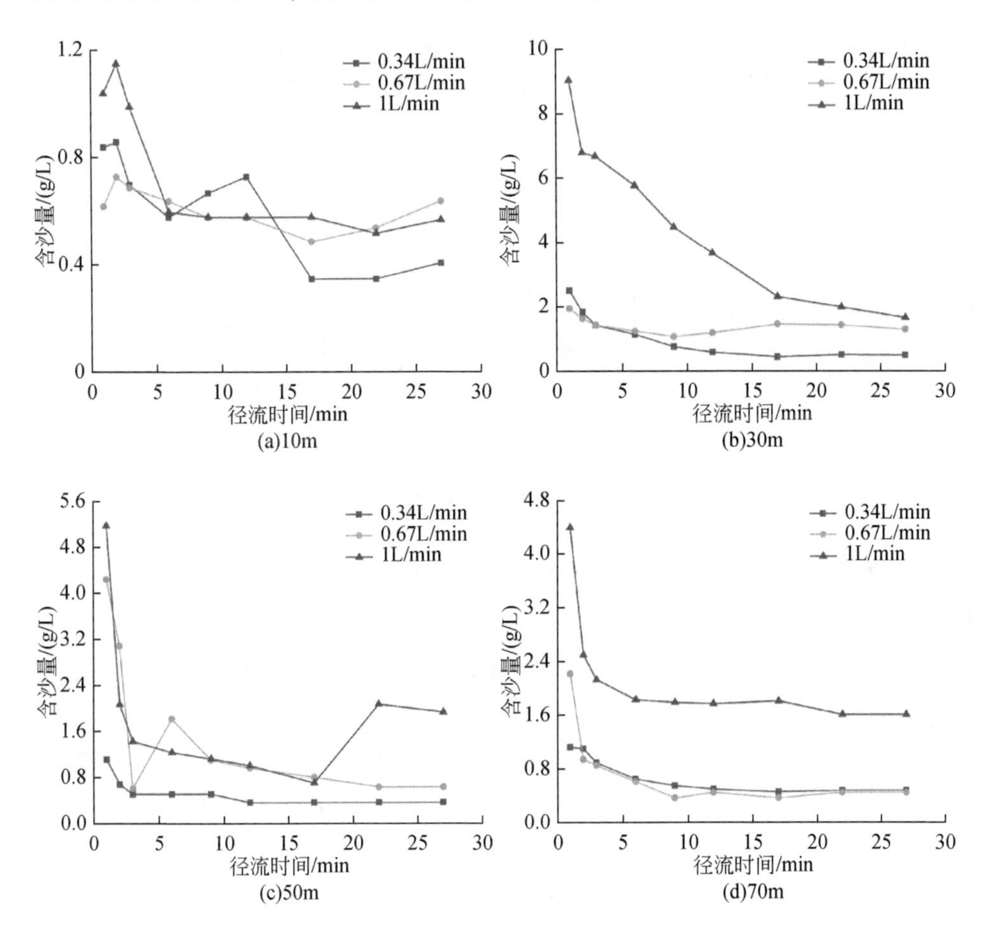

图 3.9 不同坡长下的径流含沙量变化

(3) 不同坡长的累积产流产沙变化

试验分析表明（图 3.10），相同坡长下的累积产流量均随冲刷流量增大而增加：50m 和 70m 坡长下，0.34L/min 放水流量的累积产流量较 0.67L/min 和 1L/min明显减少，主要因冲刷流量小、流速慢、入渗多所致。0.34L/min 冲刷流量时，30m 坡长累积产流量最大；而在 0.67L/min 和 1L/min 时，累积产流量则均随坡长增加而增加。坡长 50m 和 70m 时，冲刷流量增大后，水流动力增强，垄作坡面的垄台更易出现损毁，从而形成新的汇流路径，对应时段内径流量增大。冲刷流量较小时，30m 坡长的径流量最大，随坡长进一步增大，增加的汇流长度将导致更多入渗和拦蓄，因此导致相同冲刷流量下，累积产流量随坡长增大反而减少。

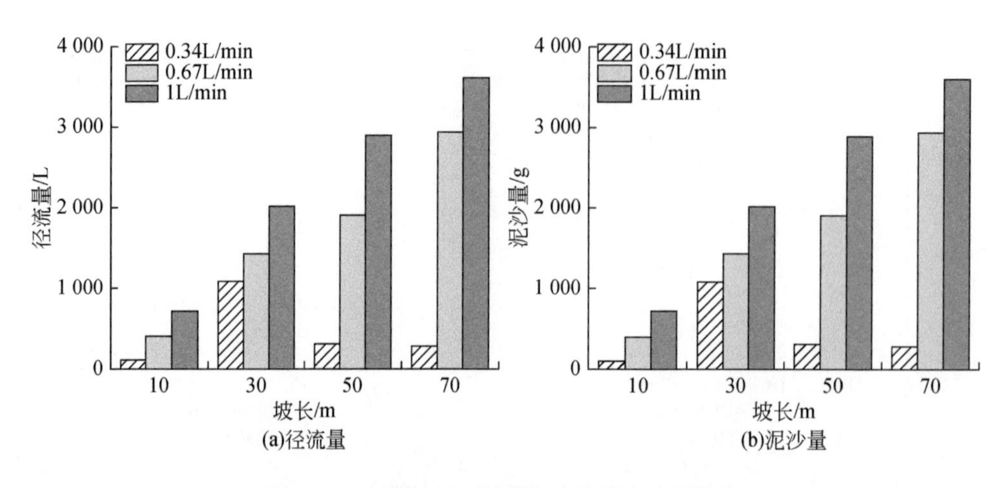

图 3.10　不同坡长下的累积产流和产沙量变化

不同冲刷流量与坡长下的累积产沙量变化表明，坡长相同时，冲刷流量越大侵蚀越严重；冲刷流量相同时，坡长变化则可能导致不同程度的侵蚀变化。其中，70m 坡长的累积产沙量最大，在冲刷流量 1L/min 时，30m 坡长的累积产沙量是 10m 坡长的 4.2 倍。不同坡长的累积产沙量存在如下规律：0.34L/min 冲刷流量下的累计产沙量呈：30m>50m>70m>10m；0.67L/min 和 1L/min 冲刷流量下的累积产沙量呈：70m>50m>30m>10m。可以发现，30m 坡长具有垄作坡耕地侵蚀强弱变化的临界坡长特征，这可能主要由于坡面侵蚀过程中坡长达到一定长度后，侵蚀搬运的泥沙将更多发生沉积，并在整个坡面出现侵蚀-沉积-搬运的交替分布，在此过程中 30m 坡长则是侵蚀搬运相对较大，而沉积相对较少的长度范围。其主要原因可能在于 30m 坡面的径流冲刷能更多剥蚀、搬运泥沙，而更短坡长下的径流量较少、侵蚀动力较小，难以快速剥蚀运移更多泥沙，更长坡面因水流路径较长、入渗和沉积加剧，也不导致更大产沙增幅。

（4）不同坡长的浅沟侵蚀发育特征

试验过程中发现，较小冲刷流量下，垄作坡面的垄台会形成密集细沟，经持续冲刷，垄台细沟不断出现下切与溯源侵蚀，在整个坡面内逐渐贯通形成一线。冲刷流量增大后，细沟迅速贯穿整个坡面，沟道下切明显，形成较多跌坎，因此不同垄作方式和坡长的坡面侵蚀均明显增加。当出现浅沟侵蚀后，坡面下方的侵蚀与下切强于上方，且坡长越长差异越明显。原因在于坡面上放来水的势能转化为动能，增强了对下坡段浅沟的冲刷侵蚀。

（5）不同坡长下的冲刷量与产流产沙关系分析

通过不同冲刷流量和坡长的径流速率与含沙量相关分析发现，0.34L/min 冲刷流失量下，10m、30m、50m、70m 坡长的径流速率与含沙量均在 0.01 置信水平上显著相关。0.67L/min 冲刷流量下，70m 坡长的径流速率与含沙量在 0.01 置信水平上显著相关，其他坡长的径流速率与含沙量相关性较弱或不相关。1.00L/min 冲刷流量时，除 10m 坡长外，其他坡长的径流速率与含沙量相关性均较弱或不相关（图 3.11）。总体上，冲刷流量较小时，坡面水流动力较弱，细沟分支少，汇流流路较稳定，径流含沙量随产流时间延长的波动性小；冲刷流量较大时，坡面水流动力较强，细沟分支多，汇流路径分散不稳，细沟下切严重，径流量含沙量随产流时间延长的变化波动加剧。

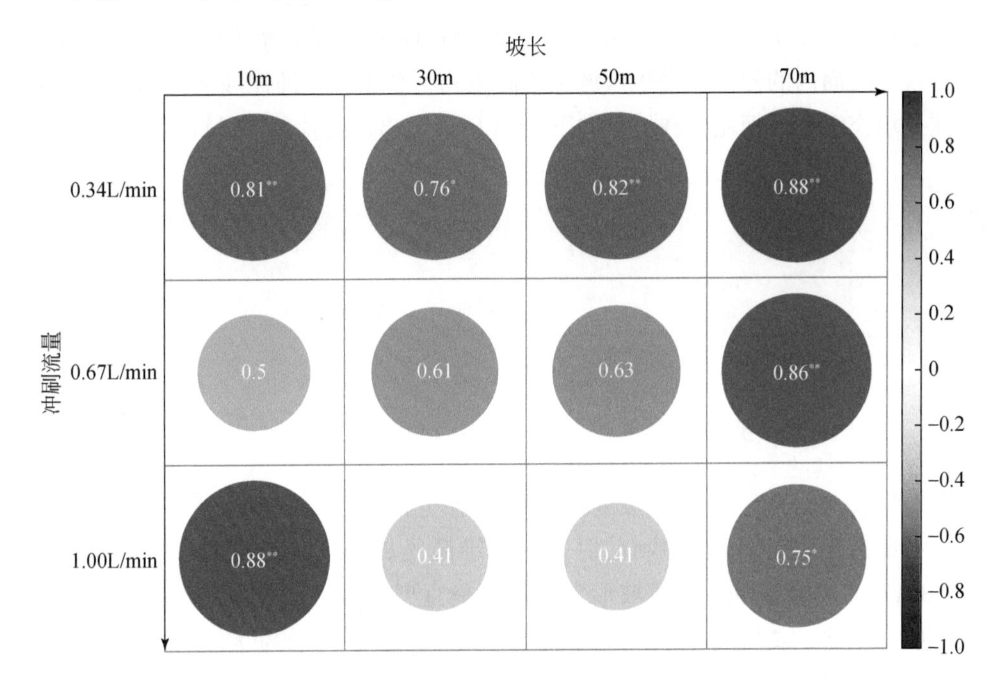

图 3.11　不同坡长下的冲刷流量与含沙量相关性

通过拟合 10m、30m、50m、70m 坡长的累积产沙量与累积产流量关系发现，两者在不同坡长下均存在良好线性关系，累积产沙量随累积产流量增加而增加，坡长越短，增加越明显，且相关性越强（表 3.2）。

表 3.2　累积产沙量与累积产流量相关关系

坡长/m	拟合方程	决定系数（R^2）
10	$y=0.1477x+395.58$	0.999
30	$y=1.6018x-1189.2$	0.995
50	$y=0.3025x+259.63$	0.935
70	$y=0.1607x+313.94$	0.689

注：表中 y 为累积产沙量、x 为累积产流量

(6) 不同坡长下的侵蚀发展过程

对坡长 110m，宽度 3m、坡度 3°的秋翻地（无垄对照）小区进行放水冲刷试验，冲刷流量 30L/min，冲刷前后采用三维激光扫描仪获得试验小区地形变化（图 3.12）。对比发现，小区坡形自上而下呈凹凸起伏，冲刷前后的高程变化表明坡顶和坡中侵蚀较为严重，且侵蚀后的泥沙运移距离较远，中上部侵蚀厚度达 1cm 左右，在坡顶向下至 75m 左右时开始出现明显沉积，净增厚度达 1.4cm 左右。整个坡面内的侵蚀、淤积区域呈相间不均匀分布，侵蚀泥沙在沿程中的随机低洼处填充沉积，但主要在坡顶向下 75m 后开始出现大片的明显沉积。

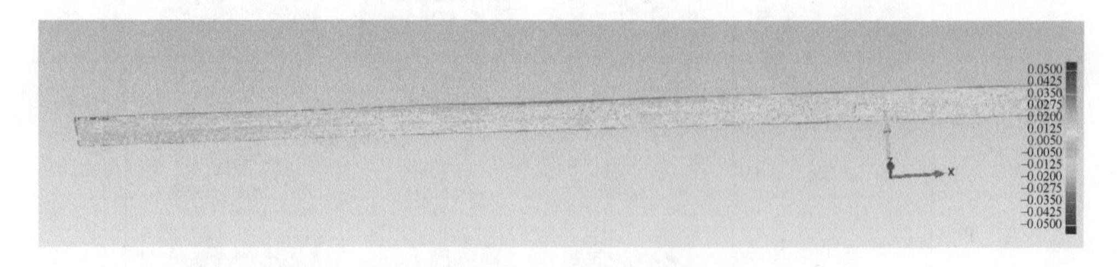

图 3.12　秋翻地冲刷前后微地貌变化图（坡长：110m，坡型：凹凸）

对坡长 90m，宽度 3m、坡度 3°的秋翻地（无垄对照）小区进行放水冲刷试验，冲刷流量 15L/min，冲刷前后采用三维激光扫描仪获得试验小区地形变化（图 3.13）。对比发现，小区坡形自上而下呈直型平缓，从坡顶向下 50m 范围内存在明显侵蚀，之后逐渐沉积，侵蚀泥沙在沿程随机分布的低洼处填充沉积，整个坡面内的侵蚀、淤积区域呈相间较均匀分布。

对坡长 70m，宽度 3m、坡度 3°的斜坡垄作小区进行放水冲刷试验，冲刷流量 60L/min，冲刷前后采用三维激光扫描仪获得试验小区地形变化（图 3.14）。对比发现，小区坡形自上而下呈凹凸凹型起伏，冲刷后垄台损毁，每级垄台被侵蚀的泥沙搬运距离较近，大多在垄台下方的垄沟内沉积，尤其在凹型坡段的沉积较明显。

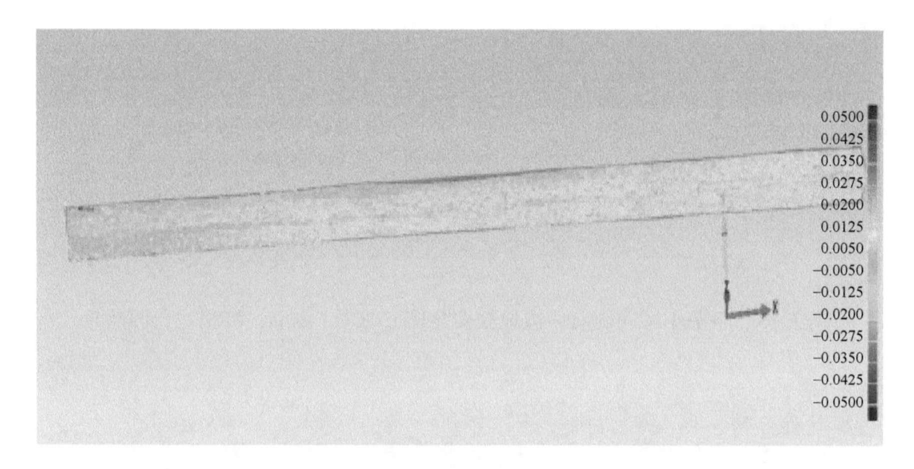

图 3.13　秋翻地冲刷前后微地貌变化图（坡长：90m）

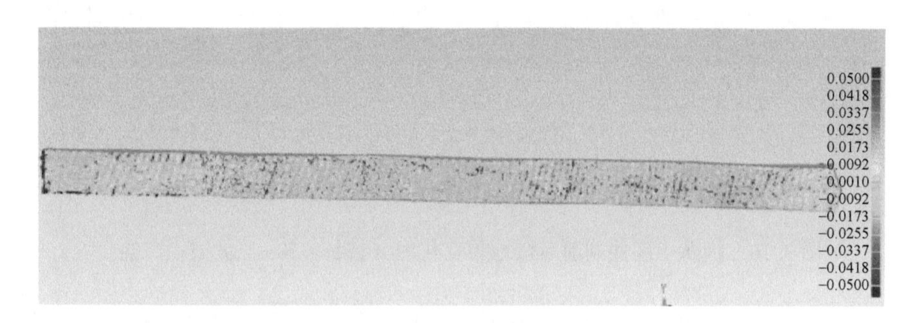

图 3.14　斜垄小区冲刷前后微地貌变化图（坡长：70m，坡型：凹凸凹）

对坡长 50m，宽度 3m、坡度 3°的斜坡垄作小区进行放水冲刷试验，冲刷流量 60L/min，冲刷前后采用三维激光扫描仪获得试验小区地形变化（图 3.15）。对比发现，小区坡形自上而下呈凸凹凸型起伏，坡面上半部分的侵蚀区域大且较严重，随坡面起伏变化，汇流路径逐渐清晰，侵蚀和沉积交错分布，侵蚀部位多为垄台损毁，每级垄台被侵蚀的泥沙搬运距离较近，大多在垄台下方的垄沟内沉积，但当形成贯通坡面的汇流通路后则整体侵蚀加剧。

对坡长 30m，宽度 3m、坡度 3°的横坡垄作小区进行放水冲刷试验，冲刷流量 60L/min，冲刷前后采用三维激光扫描仪获得试验小区地形变化（图 3.16）。对比发现，小区坡形自上而下总体呈凹型，坡面上部 5m 范围内侵蚀严重，且泥沙主要沉积在中部下凹型坡段，侵蚀严重部位随机分散，但多位于垄台，沉积部位主要分布于垄沟内。

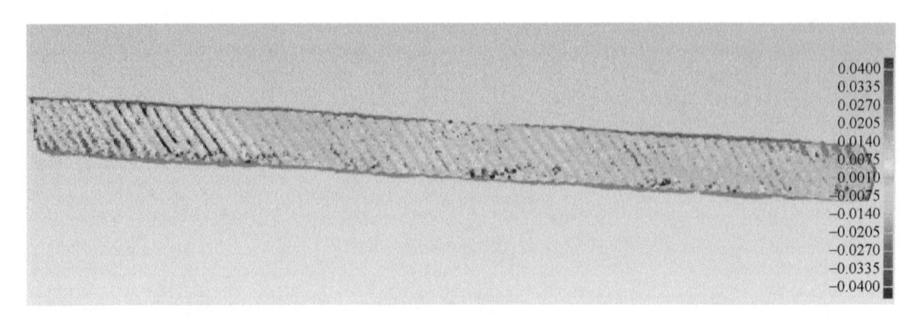

图 3.15　斜垄小区冲刷前后微地貌变化图（坡长：50m，坡型：凸凹凸）

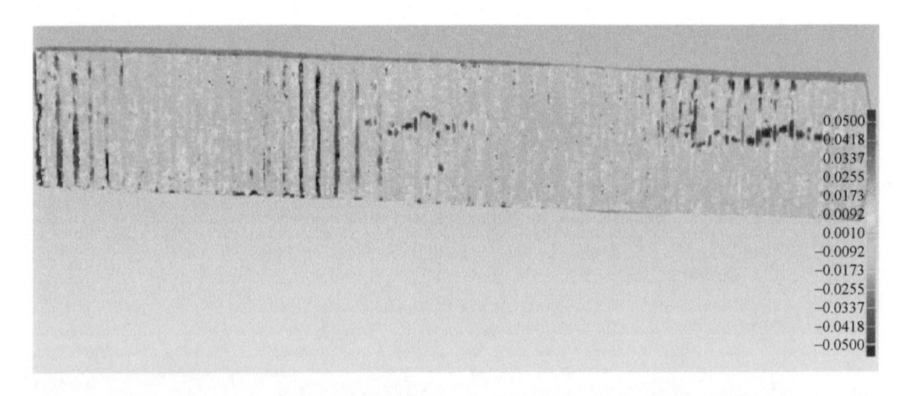

图 3.16　横垄小区冲刷前后微地貌变化图（坡长：30m，坡型：凹型）

对坡长 10m，宽度 3m、坡度 3°的横坡垄作小区进行放水冲刷试验，冲刷流量 60L/min，冲刷前后采用三维激光扫描仪获得试验小区地形变化（图 3.17）。对比发现，小区坡形自上而下总体呈凸型，侵蚀严重部位相比其他坡长的小区少，且随机分散于垄台，沉积部位主要分布于垄沟内。

图 3.17　横垄小区冲刷前后微地貌变化图（坡长：10m，坡型：凸型）

3.2 不同垄作方式与坡度下的坡面水蚀过程

东北黑土区垄作坡耕地的垄台规格分为宽垄和窄垄两种。其中，宽垄也称大垄，是20世纪90年代引进美国大豆平作密植技术的基础上，结合我国传统垄作模式确定形成，可种植2～3行作物；窄垄也称小垄，垄上一般仅种植1行作物。虽然近年来国家大力推广横坡改垄，但顺坡垄作在东北黑土区仍较普遍。围绕垄台规格对作物产量和土壤水热变化等国内外已开展了大量的研究，但对于土壤侵蚀的变化与差异的研究仍显不足。同时，鉴于目前对高强度降雨条件下垄作坡耕地的土壤侵蚀规律研究较少，相关预报模型的参数取值缺乏依据等问题，本书拟采用室内人工降雨模拟试验，分析顺坡宽垄（LWR）、顺坡窄垄（LNR）、横坡宽垄（CWR）和横坡窄垄（CNR）等4种垄作方式，以及顺坡宽垄垄沟覆残茬（LWRS）和顺坡窄垄垄沟覆残茬（LNRS）2种治理方式，在强降雨条件下的土壤侵蚀特征及其对坡度、雨强的变化响应，以期为回答宽垄与窄垄的土壤侵蚀变化及哪种方式更利于保土减蚀等问题提供支撑。

3.2.1 室内人工模拟降雨试验设计

3.2.1.1 试验条件

试验土壤取自黑龙江省克山县水土保持试验站（E125°52′51″、N48°03′47″）内顺坡垄作坡耕地的表层20cm土壤，地块坡度3°～5°，属典型黑土。土壤颗粒中的黏粒（<2μm）、粉粒（2～50μm）与砂粒（50～2000μm）质量含量分别为23.7%、72.5%和3.8%，土壤有机质含量为29.67g/kg，pH为6.81。试验站所处区域为温带大陆性季风气候，年均气温为2.4℃，多年平均降水量为519mm，集中于6～9月，地处小兴安岭向松嫩平原的过渡地带，为漫川漫岗地形，坡面长缓。当地耕地主要种植大豆，多为机械化作业。

人工降雨模拟试验在中国水利水电科学研究院的北京延庆试验基地水土保持大厅开展。降雨设备为侧喷式人工降雨装置，采用计算机软件控制雨强和历时，可控雨强范围介于10～200mm/h，降雨高度13.8m，降雨均匀度大于85%（人工模拟降雨系统操作界面见图3.18）。

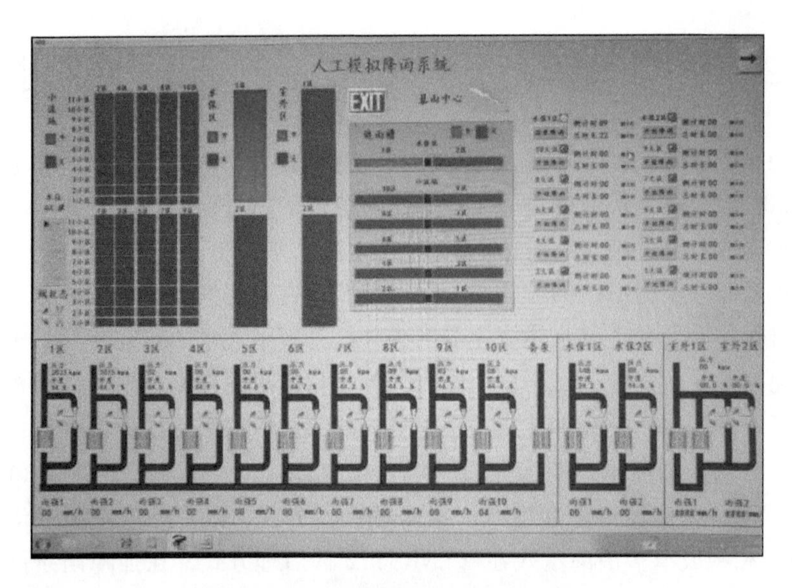

图 3.18　人工模拟降雨系统操作界面

试验土槽为长 8m、宽 3m、深 1m 的固定液压可升降钢槽（图 3.19）。土槽出水口安装翻斗式流量计测量产流量，分辨率为 3L；采用翻斗式自记雨量计同步记录模拟降雨的雨量，分辨率为 0.2mm。

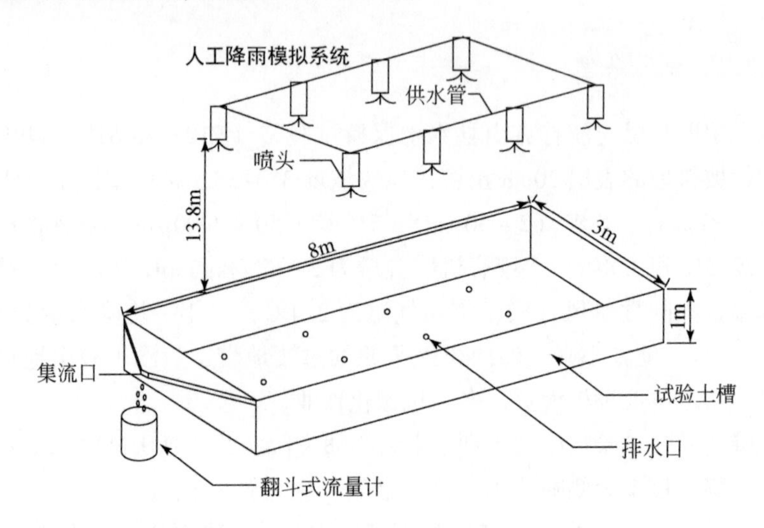

图 3.19　试验土槽和人工降雨系统示意图

3.2.1.2　试验设计

人工降雨模拟试验采取正交设计，主要考虑雨强（4 种）、地表坡度（2 种）和垄作方式（6 种）3 个因素。试验场次共 48 场（4×2×6），每场试验进行 2 个重复。具体试验参数的设计依据和结果如表 3.3 所示。

（1）降雨强度

依据试验用土采集区域的不同重现期暴雨雨强，结合东北黑土区侵蚀性降雨雨强相关报道，分析确定试验降雨雨强。试验用土采集区位于黑龙江省克山县，50%、20%、10%、5%、2% 和 1% 重现期 1h 暴雨的雨强分别为 35.7mm/h、43.6mm/h、49.3mm/h、60.5mm/h 和 68.2mm/h。东北黑土区中度以上侵蚀的降雨事件中，瞬时雨强范围为 42.6 ~ 103.2mm/h（Lu et al.，2016）。以此为依据，设计了 30mm/h、50mm/h、75mm/h 和 100mm/h 等 4 种典型降雨强度（表 3.3）。

表 3.3　地块实际情况与试验模拟条件对比

主要因素	实际情况	试验模拟
雨强/(mm/h)	50%、20%、10%、5%、2% 和 1% 重现期的 1h 暴雨雨强分别为 35.7mm/h、43.6mm/h、49.3mm/h、60.5mm/h 和 68.2mm/h	30mm/h、50mm/h、75mm/h 和 100mm/h
坡度/(°)	2° ~ 6°	3°和 5°
坡长/m	100 ~ 1000m	8m
垄沟宽度/cm	宽垄为 35 ~ 45cm，窄垄为 25 ~ 35cm	宽垄为 40cm，窄垄为 30cm
垄台宽度/cm	宽垄为 65 ~ 75cm，窄垄为 30 ~ 35cm	宽垄为 70cm，窄垄为 30cm
垄台高度/cm	宽垄为 7 ~ 12cm，窄垄为 12 ~ 20cm	宽垄为 10cm，窄垄为 15cm
垄距	宽垄垄距为 100 ~ 120cm，窄垄垄距为 55 ~ 70cm	宽垄为 110cm，窄垄为 60cm

（2）降雨历时

考虑到雨强设计主要依据不同重现期的 1h 暴雨雨强，故模拟降雨历时按 1h 进行。

（3）坡面坡地

东北黑土区地形长缓，试验用土所在的克山县坡度多介于 2° ~ 6°，坡长多变化于 100 ~ 1000m。因此，选取 3°和 5°共 2 种常见坡度，开展试验。

（4）垄作方式

经实地调查，东北黑土区的宽垄垄距一般为 100 ~ 120cm、垄台宽度一般为

65～75cm、垄沟宽度一般为35～45cm、垄台高度一般为7～12cm；窄垄垄距一般为55～70cm、垄台宽度一般为30～35cm、垄沟宽度一般为25～35cm、垄台高度一般为12～20cm。为此，共选取6种垄作方式：顺坡宽垄（LWR）、顺坡窄垄（LNR）、横坡宽垄（CWR）、横坡窄垄（CNR），顺坡宽垄垄沟覆残茬（LWRS）和顺坡窄垄垄沟覆残茬（LNRS）。试验设计中的宽垄垄距110cm、垄台宽70cm、垄沟宽40cm、垄沟平均深10cm；窄垄垄距60cm、垄台宽30cm、垄沟宽30cm、垄沟平均深度15cm（图3.20）。

(a)LWR (b)LNR (c)CWR
(d)CNR (e)LWRS (f)LNRS

图3.20 室内模拟试验土槽照片

3.2.1.3 试验步骤

1）填土前在试验土槽底部均匀打排水孔，并用纱布填充。随后填入20cm厚的细沙作为透水层，以保证土槽底部透水良好。根据野外测定的犁底层、耕作层和垄层的土壤容重，分别装填试验土槽。细沙之上填装30cm厚土壤，容重控制在 1.35g/cm³，视为犁底层；其上填装 30cm 厚土壤，容重控制在 1.2g/cm³，视为耕作层。耕作层之上按试验设计尺寸填土筑垄，形成垄层。所有土壤均采用分层方式装填，每 5cm 为一层。填土时将试验土槽四周边界压实，减少边界效应。

2）试验前一天，用纱网覆盖试验土槽，以 30mm/h 降雨强度进行预降雨直至坡面产流为止，以保证试验前期土壤含水状况一致。预降雨结束后，用塑料布覆盖试验土槽，以防止试验土槽土壤水分蒸发并减缓结皮形成，静置 12h 后开始正式降雨。

3）正式降雨试验开始后，观察坡面产流和侵蚀情况，出现产流后接取第 1 个径流泥沙样品，之后每隔 3min 采集径流样品。若横坡垄作的垄台因径流冲刷出现损毁，则在此之后每隔 1min 采集径流样品。降雨结束后，去除径流样品的上层清液，放入设置恒温 105℃的烘箱，烘干称重测定泥沙质量。

3.2.2 不同垄作方式的侵蚀过程变化

试验结果表明，顺垄裸露坡面（LNR 和 LWR）和顺垄残茬覆盖坡面（LWRS 和 LNRS）的产沙量随降雨历时延长，整体呈先增后减、再趋于稳定的变化；横垄坡面（CWR 和 CNR）产沙变化与径流强度变化趋势基本一致（图 3.21）。这种变化主要由于降雨初期，在雨滴击溅作用下，表层大颗粒土壤被雨滴击碎，径流中携带大量细小颗粒，随径流增大，侵蚀增强；随着降雨持续，垄台和垄沟表层土壤逐渐板结，且黑土中大量黏粒在土壤水分饱和后使土壤大颗粒不易被雨滴击散，也不易被径流带走，造成坡面侵蚀速率减小并逐渐趋于稳定。

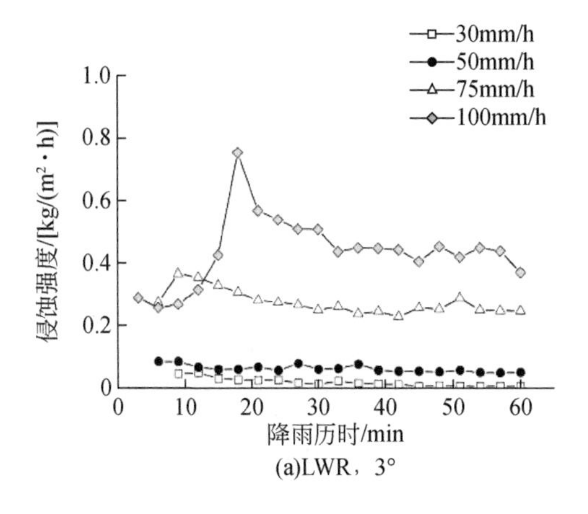

(a)LWR，3°

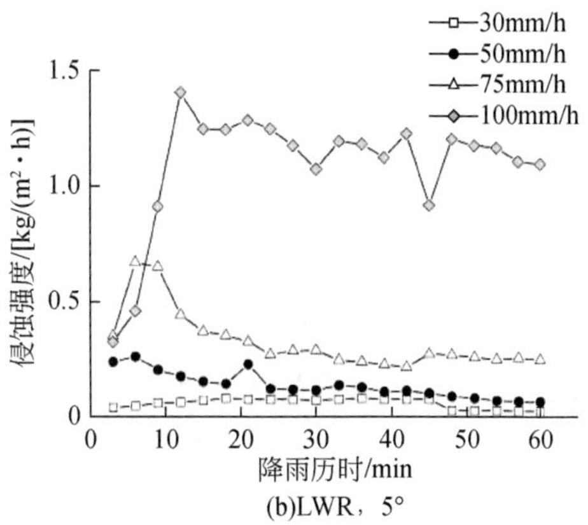

(b)LWR，5°

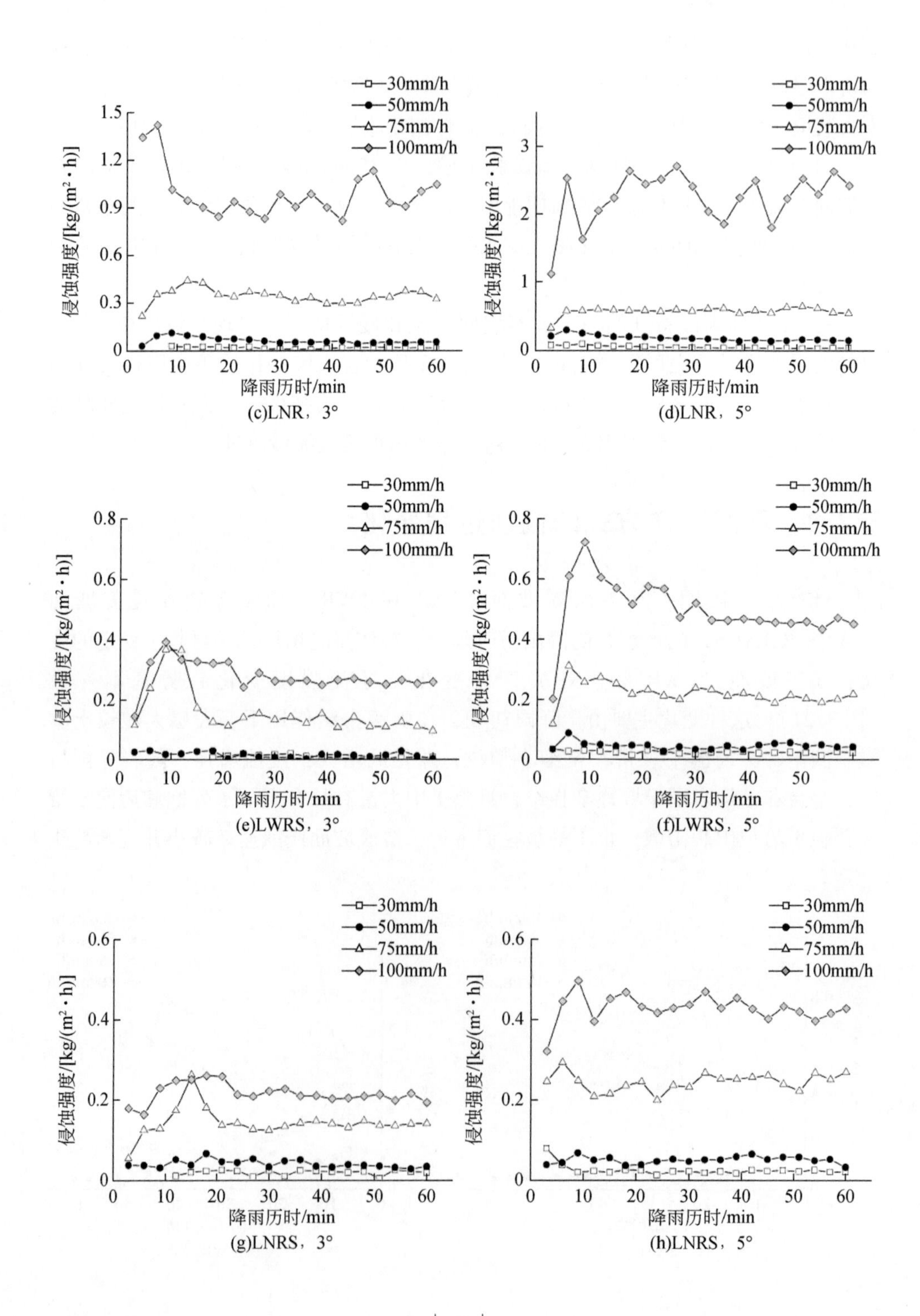

(c)LNR，3°

(d)LNR，5°

(e)LWRS，3°

(f)LWRS，5°

(g)LNRS，3°

(h)LNRS，5°

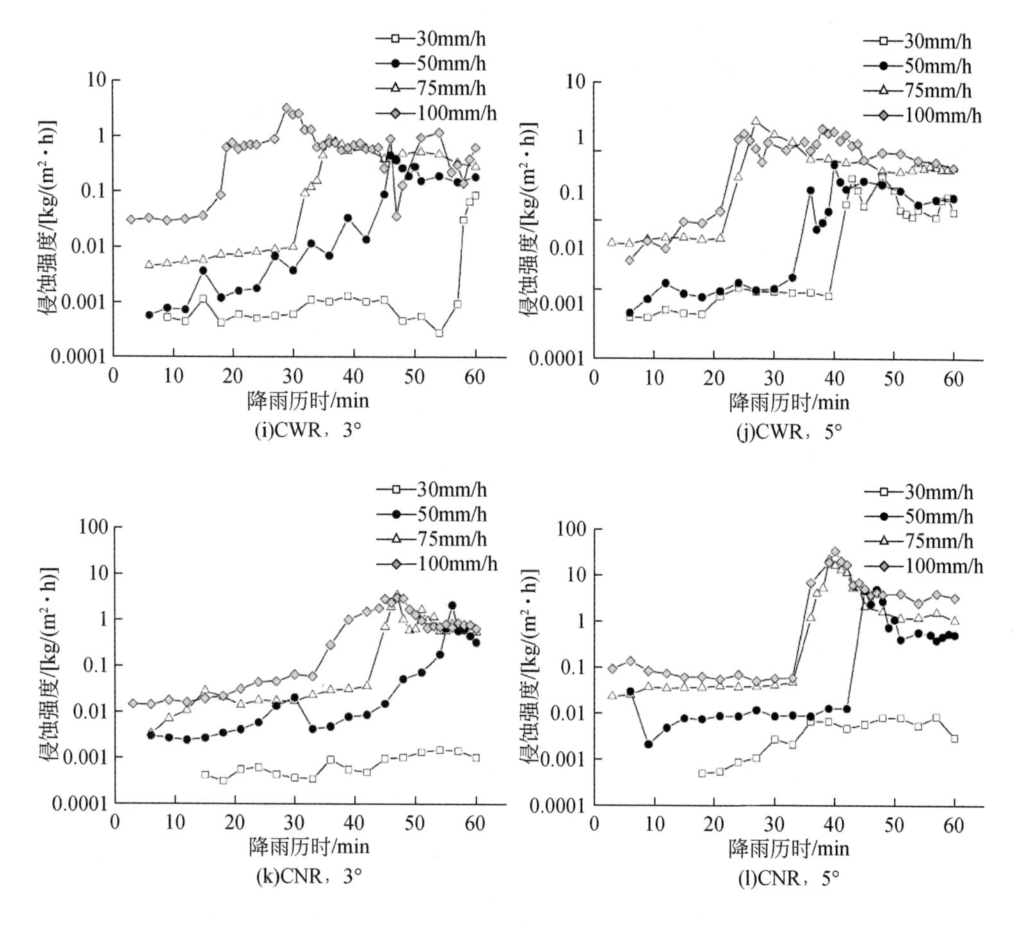

图 3.21　不同垄作坡耕地坡面侵蚀过程

试验结果表明，强降雨下，不同垄作方式的土壤侵蚀模数呈：横坡窄垄（CNR）>顺坡窄垄（LNR）>横坡宽垄（CWR）>顺坡宽垄（LWR）>顺坡宽垄垄沟覆残茬（LWRS）>顺坡窄垄垄沟覆残茬（LNRS）（图 3.22）。其中，顺坡宽垄的侵蚀模数介于 0.17 ~ 10.54t/hm^2，平均值为 2.80t/hm^2；顺坡窄垄的侵蚀模数介于 0.14 ~ 21.01t/hm^2，平均值为 5.31t/hm^2；后者整体高于前者。

相同坡度和雨强条件下，垄作坡耕地垄沟覆盖残茬前后的侵蚀强度变化表明，随径流增加，顺坡宽垄的侵蚀强度呈现先增加、再递减、15min 后逐步稳定的变化过程；顺坡窄垄坡面的侵蚀强度变化幅度小于顺坡宽垄。垄沟覆盖残茬可使产流过程中的径流含沙量显著降低，单位径流造成的土壤侵蚀相应减少；雨强为 75mm/h 和 100mm/h 时，减少幅度更为显著（图 3.23）。横坡垄作坡面在产流开始后，侵蚀强度整体低于顺坡垄作，且变化较稳定；当累积径流深增至 3 ~ 4mm 时，侵蚀强度增速十分显著，反映了垄台破损后侵蚀加剧的过程；相同坡度下，横坡窄垄坡面的侵蚀增速更快，之后坡面径流强度变化相对稳定，侵蚀强度有所下降。

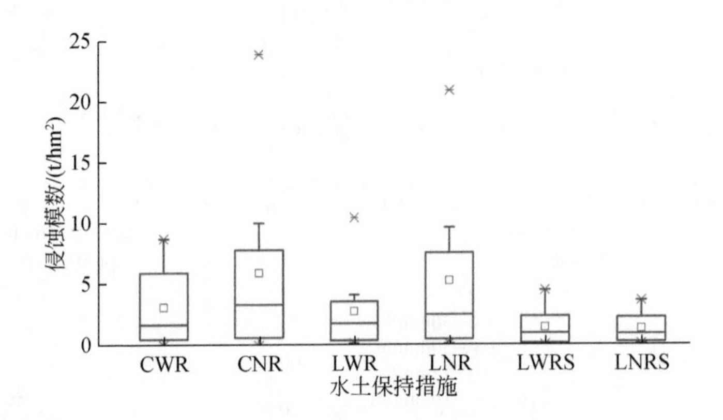

图 3.22　不同垄作方式坡耕地的侵蚀模数

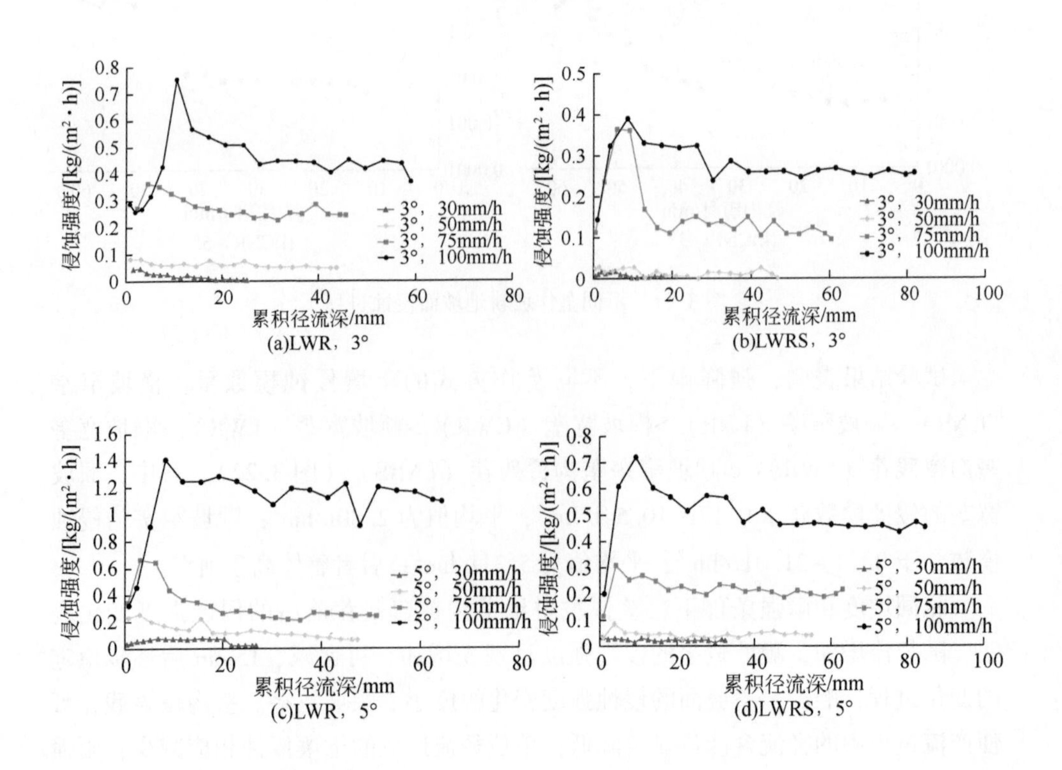

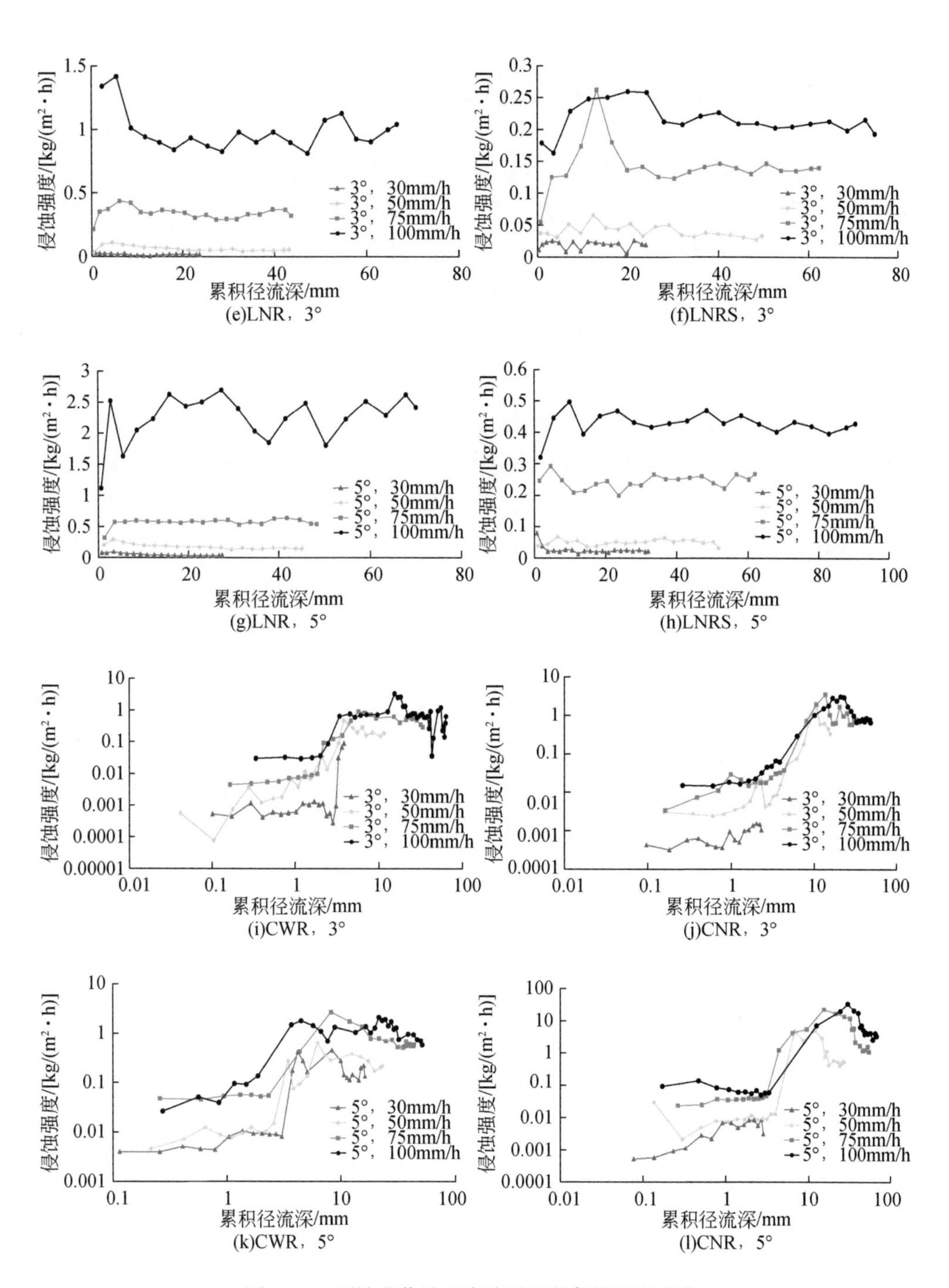

图 3. 23　顺坡垄作坡面产流过程的侵蚀强度变化

3.2.3 不同垄作方式下的减蚀效益变化

顺坡宽垄和顺坡窄垄均为东北黑土区传统耕作方式，仅垄沟和垄台尺寸不同。为计算减蚀效益（E_s）时有统一参照，将顺坡宽垄和顺坡窄垄中整体侵蚀量更大的垄作方式，作为计算E_s时的参照对象。据此，按照人工模拟降雨试验的土壤侵蚀量观测结果，计算得到不同垄作方式对应的减蚀效益（正值表示有助于减少土壤侵蚀，负值表示加剧土壤侵蚀）。

计算结果显示，顺坡宽垄垄沟覆残茬（LWRS）的E_s在坡度为3°时为50.6%、5°时为42.5%。顺坡窄垄垄沟覆残茬（LNRS）的E_s在坡度为3°时为55.8%、5°时为63.5%。顺坡宽垄垄沟覆残茬（LWRS）的垄沟面积占坡面总面积的40%，顺坡窄垄垄沟覆残茬（LNRS）的垄沟面积占坡面总面积的50%，后者因残茬覆盖面积比率更高，因而具有更明显的减蚀作用，E_s相应更高。即使考虑春耕时期残茬覆盖对作物出苗的潜在影响，种植作物的垄台若无残茬覆盖，而仅在垄沟覆盖残茬，其减蚀作用仍较明显，虽无法减弱雨滴对垄台的溅蚀，但可避免径流对垄沟的直接冲刷。

强降雨下不同垄作方式的E_s变化表明，顺坡宽垄（LWR）E_s介于-22.3%～57.4%，平均28.8%；横坡宽垄（CWR）E_s介于-37.5%～69.8%，平均29.4%；横坡窄垄（CNR）E_s介于-109%～94.9%，平均-0.1%。顺坡宽垄（LWR）和横坡宽垄（CWR）的E_s整体差别不大；横坡窄垄的E_s（CNR）则明显低于其他耕作方式（图3.24）。

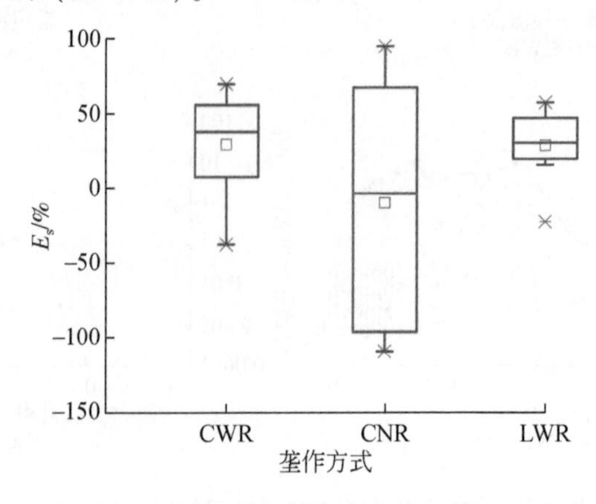

图3.24 不同垄作方式的减蚀效益

对于横坡宽垄（CWR），若产流过程中垄台未被损毁，则 E_s 平均值为 61.6%；若发生损毁，E_s 平均值为 18.7%。对于横坡窄垄（CNR），若产流过程中垄台未被损毁，E_s 平均值为 93.3%；若发生损毁，E_s 平均值为 -44.0%。可见，其他条件相同时，若横坡耕作垄台发生破损，则坡面侵蚀速率接近或高于顺坡耕作；甚至因短时间内形成集中的径流路径，导致大量径流集中冲刷，会造成更为严重的侵蚀。

不同垄作方式坡面的土壤侵蚀差异分析表明，若以降雨侵蚀力（*R*）和坡度因子（*S*）的乘积（*R*·*S*）表征降雨和坡度对于土壤侵蚀过程的共同影响，则各类垄作方式的径流深（*D*）均与 *R*·*S* 呈显著的线性关系递增，对应的耕作措施土壤侵蚀模数（*A*）均与 *R*·*S* 呈显著的指数关系递增。整体而言，*D* 随 *R*·*S* 的增加速率较为稳定，横坡垄作的增加速率略高于顺坡垄作。而当 *R*·*S*≥15MJ·mm/（hm^2·h）后，各类耕作措施的土壤侵蚀模数（*A*）随 *R*·*S* 的增加速率均有所增加（图 3.25）。其中，横坡窄垄耕作的土壤侵蚀模数增加速率最大。持续强降雨过程中，横坡垄作的垄沟内逐渐集蓄大量径流，一旦发生破损，短时间内将形成大量径流冲刷地表，会造成严重侵蚀。

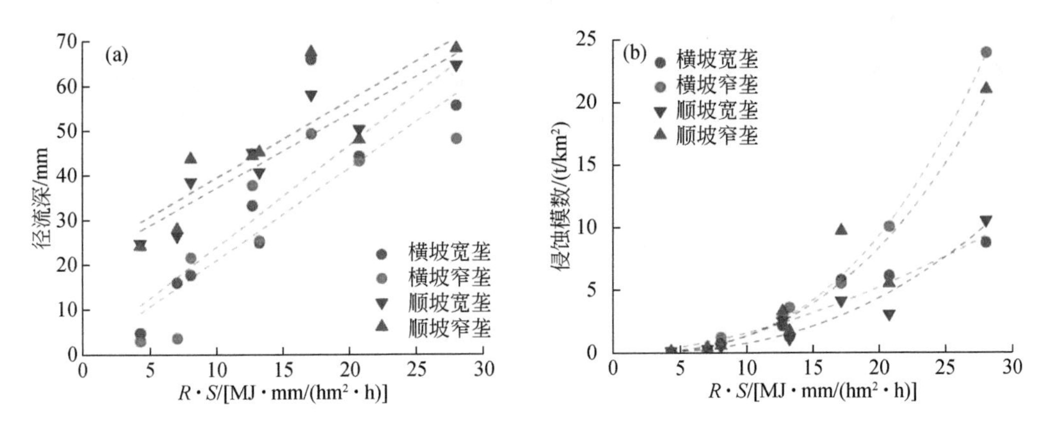

图 3.25 不同垄作方式的径流深、侵蚀模数与 *R*·*S* 关系

对于顺坡宽垄（LWR），次降雨过程的 E_s 与 *R*·*S* 间呈显著的对数函数递减关系：

$$E_s = 36.41\ln(R \cdot S) - 61.63, (R^2 = 0.80, p < 0.01) \quad (3.1)$$

随雨强和坡度增加，顺坡宽垄（LWR）坡面减少侵蚀效果相对更为明显。对于顺坡窄垄（LNR），相邻垄沟最低点和垄台最高点的平均高差为 15cm，两者间的平均水平距离为 30cm，两者比值为 0.50。对于顺坡宽垄（LWR），两者最高点的平均高差缩小至10cm，平均水平距离扩大至55cm，两者比值为0.18，明显低于前者。微地形起伏较小的坡耕地地表，在强降雨过程中土壤侵蚀量相对较低。对于长缓坡耕地，耕作时适当降低微地表起伏程度，可在径流冲刷过程中减少土壤流失量（图3.26）。

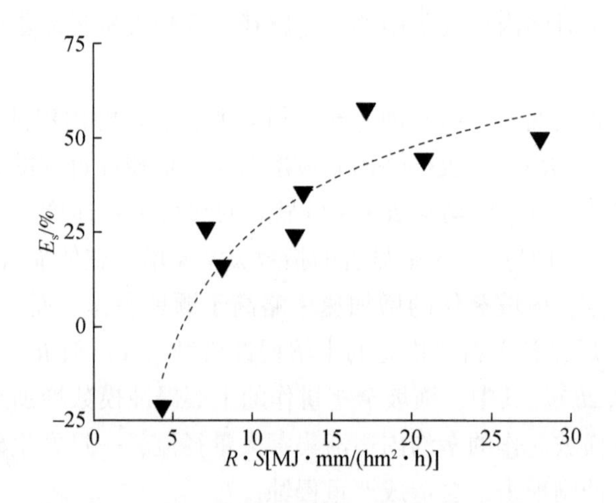

图3.26 强降雨下顺坡宽垄减蚀效益与 $R \cdot S$ 关系

对于横坡垄作（CWR和CNR），其 E_s 与 $R \cdot S$ 间无显著相关关系，产流过程峰值径流（Q_{max}），即破垄发生后的最大径流量，对其影响更为显著（图3.27）。

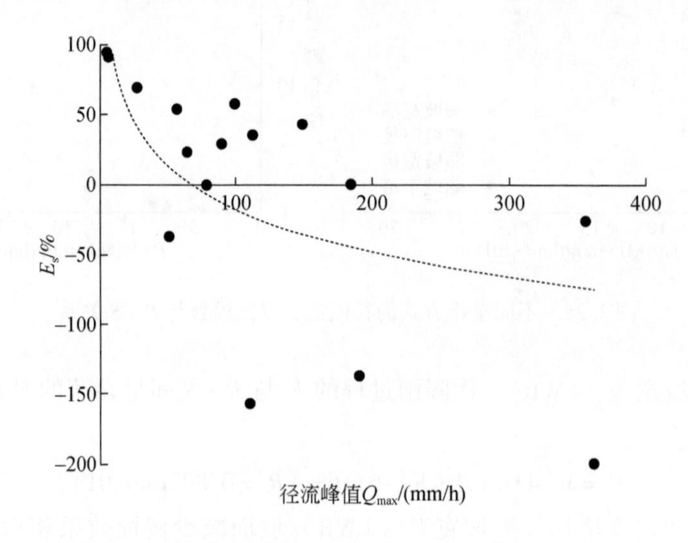

图3.27 强降雨下横坡垄作减蚀效益与峰值径流关系

$$E_s = -44.3\ln(Q_{max}) + 186.5, (R^2 = 0.4, p < 0.1) \tag{3.2}$$

整体而言，强降雨事件中，若不发生垄台损毁，横坡窄垄（CNR）、横坡宽垄（CWR）和顺坡宽垄（LWR）坡面的平均侵蚀模数分别为 0.02t/hm²、0.12t/hm² 和 0.25t/hm²，横坡窄垄（CNR）是减少土壤侵蚀效果最好的垄作方式，单位面积上横坡窄垄（CNR）的垄沟拦蓄径流量是横坡宽垄（CWR）的 2.08 倍，其理水减蚀作用更显著。若垄台发生损毁且最大雨强≤75mm/h，则横坡窄垄（CNR）、横坡宽垄（CWR）和顺坡宽垄（LWR）坡面的平均侵蚀模数增加至 4.51t/hm²、2.59t/hm² 和 1.81t/hm²，顺坡宽垄（LWR）的减蚀效果均优于横坡垄作（CWR 和 CNR），横坡窄垄（CNR）加剧侵蚀的作用开始显现。若垄台发生破损且最大雨强>75mm/h，则横坡窄垄（CNR）、横坡宽垄（CWR）和顺坡宽垄（LWR）坡面的平均侵蚀模数大幅增至 14.76t/hm²、7.28t/hm² 和 7.34t/hm²，横坡窄垄（CNR）加剧侵蚀的作用显著大于横坡宽垄（CWR）和顺坡宽垄（LWR）。

3.3 顺垄坡面产流过程及其水力学特性

坡面侵蚀过程模拟中，深入理解地表径流水力学特征是分析侵蚀动力规律的基础。目前，国内外在流速、水深、流态、阻力规律等方面已开展了大量的研究（Geng et al., 2017），但这些研究多是针对室内土槽或室外小区尺度下、土壤质地均一和地表平整的裸坡进行，对于垄作坡耕地的坡面流水力学特征研究还少有报道（孙立全等，2017）。限于对坡面径流侵蚀动力研究不足，导致国内许多地区虽然建立了区域性土壤侵蚀经验模型，但土壤侵蚀机理模型仍处于探索阶段，难以有效应用（谢云和岳天雨，2018）。对于东北黑土区而言，以土壤流失方程为代表的土壤侵蚀经验模型已得到应用，但由于尚未摸清该区域垄作长缓坡耕地特殊的产汇流过程（Xu et al., 2018），且该区域垄作方式在规格上存在宽垄和窄垄之分，其地表产汇流过程也存在较大差异，因此其他地区提出的土壤侵蚀模型参数难以在该区域直接应用，也缺乏针对该区域特点的土壤侵蚀机理过程模型。为此，本书拟通过开展室内人工降雨模拟实验，探索不同规格顺坡垄作坡耕地侵蚀过程中的主要水力参数变化特征，以期为深化了解东北黑土区土地土壤侵蚀过程机制、建立有效的预报模型提供支撑。针对顺坡宽垄（LWR）、顺坡窄垄（LNR）、顺坡宽垄残茬覆盖（LWRS）、顺坡窄垄残茬覆盖（LNRS）4 种顺坡垄作及管理方式，按照 4 种典型雨强（30mm/h、50mm/h、75mm/h 和 100mm/h）、2 种漫川漫岗区主要坡度（3°和 5°），采用室内人工降雨方式进行正交试验，观测坡面产流和侵蚀过程，分析确定关键水文参数变化特征。

强降雨条件下，顺坡垄作的垄沟内易形成稳定层流，故在坡面产汇流过程中，可将垄沟视作坡面地块内的土质汇水明渠，且认为各条垄沟的水力学特征基本一致，则垄沟内径流流速可采用曼宁公式计算，水流状态可由弗汝德数判断：

$$V_{OV}=(1/n)\cdot R_h^{2/3}\cdot S^{1/2} \tag{3.3}$$

$$F_r=V_{OV}/(g\cdot h)^{0.5} \tag{3.4}$$

式中，V_{OV}为垄沟内的径流流速（m/s），由垄沟径流量除以过流断面的面积获得；n为糙率，综合反映垄沟内壁粗糙程度对水流的影响；R_h为水力半径（m），按过流断面面积与湿周的比值确定，湿周指径流与垄沟断面接触的周长，不包括与空气接触的周长部分；S为水力坡降（m/m），即土槽坡度；F_r为弗汝德数；g为重力加速度；h为垄沟内的径流水深（m）。

弗汝德数（F_r）是明渠水流理论中的重要水力学参数，即流体内惯性力与重力的比值，用来判别水流状态（Wang et al.，2017）。当$F_r=1$时，坡面水流属临界流；当佛汝德数$F_r<1$时，坡面水流属缓流；当佛汝德数$F_r>1$时，坡面水流属急流。由式（3.3）和式（3.4）可知，反映土壤侵蚀过程中垄沟水力学特征的关键参数为糙率（n）和弗汝德数（F_r），关键变量是水力半径（R_h）。

相同坡度下，雨强增大使坡面径流深增加，坡面径流与垄沟接触面增大，导致R_h增大。随坡度上升，坡面流速增加，坡面径流深减小，R_h也随之减小。由此建立水力半径（R_h）与分钟雨强和坡度比值（I_m/S_{lp}）间的定量关系：

$$\text{宽垄}:R_h=0.250\ln(I_m/S_{lp})-0.017,(R^2=0.81,p<0.01) \tag{3.5}$$

$$\text{窄垄}:R_h=0.206\ln(I_m/S_{lp})+0.170,(R^2=0.82,p<0.01) \tag{3.6}$$

式中，I_m为分钟雨强（mm/min）；S_{lp}为坡度（m/m）。

分析结果表明，两者间呈显著对数递增关系。在顺坡宽垄（LWR）和顺坡窄垄（LNR）两种垄作方式下，宽垄的R_h较窄垄高8.4%～11.6%，平均高10%（图3.28）。

单次降雨过程中，顺坡宽垄（LWR）和顺坡窄垄（LNR）的垄沟糙率n处于持续变化的过程。降雨初期（前20min），垄沟内的n值变化幅度较大，整体呈现下降趋势。这主要是由于降雨初期垄台及垄沟内土壤表面相对粗糙且松散，土壤表面有很多土壤颗粒及小凹陷，致使降雨开始时垄沟糙率（n）较大。随降雨持续，雨滴击溅作用及径流对垄沟的冲刷，导致垄沟沟底土壤逐渐板结，垄沟内的n值逐渐变小。伴随坡面径流稳定，n值变化幅度逐渐变小，最终趋于稳定（图3.29）。

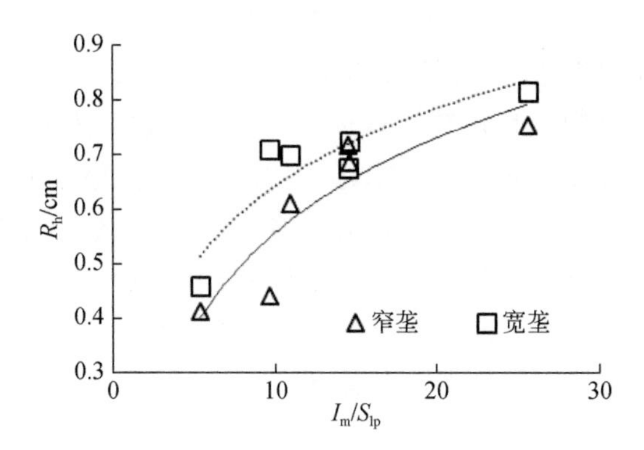

图 3.28　水力半径与分钟雨强和坡度比值的关系

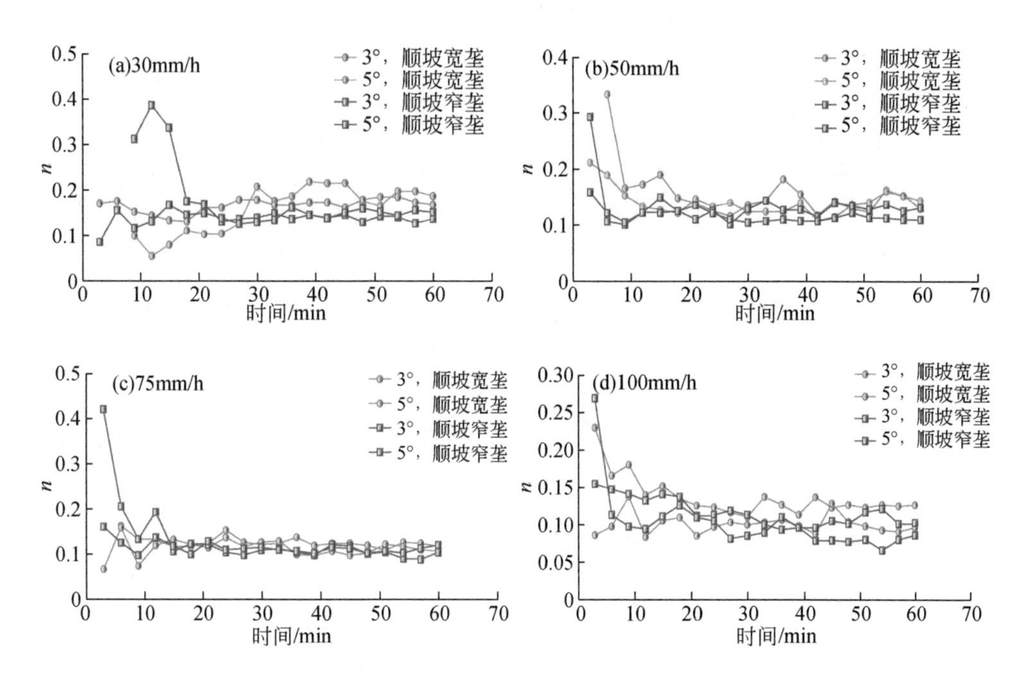

图 3.29　侵蚀过程中垄沟糙率 n 变化过程

糙率（n）可反应垄沟粗糙程度对水流的阻滞作用。单次降雨过程中的垄沟 n 平均值变化表明，对于未覆盖残茬的垄沟，n 介于 0.087 ~ 0.177，平均值为 0.132。其中，坡度为 5°的顺坡窄垄（LNR）n 值相对较低；坡度为 3°、雨强为 30mm/h 时的顺坡宽垄（LWR），n 值最高，达 0.177；不同条件下的 n 主要介于 0.11 ~ 0.14。顺坡宽垄（LWR）的 n 变化幅度小于顺坡窄垄（LNR）。对于覆盖残茬的垄沟，n 介于0.203～0.415，平均0.312（图3.30）。相比之下，在SWAT模型中，裸露垄作坡耕地的糙度建议取值为0.06～0.12，无实测时一般取平均值(0.09)；残茬覆盖坡耕地糙度建议取值为0.16～0.22，无实测时一般取平均值(0.19)。两者均小于试验测定的顺坡宽垄和窄垄坡面糙率。东北典型黑土区坡度较缓，汇流过程中垄沟内径流深度较浅，多不超过2cm，使垄沟糙率有所增加。利用现有水文模型开展东北黑土区垄作长缓坡径流模拟时，不宜直接使用国外已有模型参数值，应结合该区自然地理环境和耕作特征，对糙率取值作进一步试验率定，否则将会给模拟结果带来较大误差。

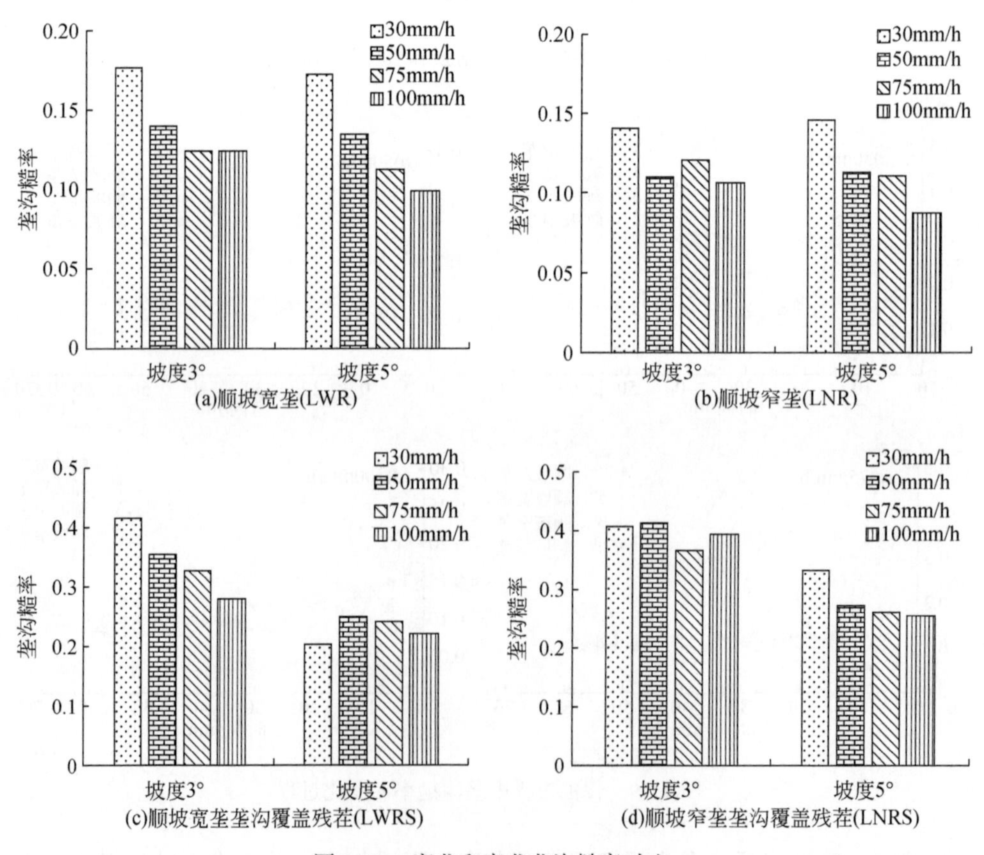

图3.30　宽垄和窄垄垄沟糙率对比

雨强（30mm/h、50mm/h、75mm/h、100mm/h）相同时，坡度由3°上升到5°后，顺坡宽垄（LWR）的垄沟糙率（n_1）分别下降2.3%、3.7%、9%和30%，平均下降11.2%；顺坡窄垄（LNR）的垄沟糙率（n_2）分别下降-3.5%、-1.8%、10%和21.8%。可见坡度上升会减小坡面糙率，减弱垄沟对坡面径流的阻滞能力。坡度为3°时，在30mm/h、50mm/h、75mm/h和100mm/h四种雨强下，顺坡宽垄（LWR）的垄沟糙率（n_1）较顺坡窄垄（LNR）的垄沟糙率（n_2）分别高出25.9%、27.2%、3.1%和17.1%；坡度为5°时，在四种雨强下的顺坡宽垄（LWR）垄沟糙率（n_1）较顺坡窄垄（LNR）垄沟糙率（n_2）分别高出18.3%、19.5%，1.8%和14.6%，且顺坡宽垄（LWR）垄沟糙率（n_1）较顺坡窄垄（LNR）垄沟糙率（n_2）在坡度上升后的减幅更小。由此可见，在垄沟裸露情况下，东北典型黑土区宽垄垄作方式比窄垄对坡面径流的阻滞作用更大，可降低坡面流速，减少径流对坡面的侵蚀冲刷。在垄沟覆盖残茬后，顺坡宽垄垄沟覆盖残茬（LWRS）的垄沟面积约占坡面面积的40%，顺坡窄垄垄沟覆盖残茬（LNRS）坡面的垄沟面积约占坡面面积的50%，顺坡窄垄垄沟覆盖残茬（LNRS）坡面糙率略高于顺坡宽垄垄沟覆盖残茬（LWRS）坡面。

由不同垄作方式的垄沟糙率（n）变化可知，强降雨时，顺坡宽垄（LWR）相较于顺坡窄垄（LNR）具有更好水土保持功能，这与其他研究结果一致（汪顺生等，2016）。在60min的降雨中，初期的垄沟糙率（n）存在较大波动，这是因为降雨初始阶段，垄沟底部未形成稳定径流，沟内径流流速较小，致使n值较大。随降雨持续，坡面汇流逐渐稳定，使垄沟内糙率系数趋于稳定。相关研究表明（张永东等，2013），坡面阻力与坡度、雨强和地表粗糙度等因素密切相关。随坡度和雨强增加，其为坡面径流提供了更大势能和动能，缩短了坡面径流汇流时间，增大了坡面径流流速，n值随之减小。随降雨历时延长，土壤表面逐渐形成完整结皮；并且东北地区黑土团聚度较高、胶结性强，降雨初期雨滴打击导致黑土团大团聚体分散后形成结皮，使土壤表面趋于光滑，土壤上层颗粒变得更加紧实（李胡霞等，2005；李宁宁等，2020）。这也是随降雨历时延长，n值减小的原因之一。

弗汝德数对比表明，不同坡度、雨强和垄作方式下，坡面侵蚀过程中的F_r介于0.09～0.62，均小于1，说明垄沟内的坡面径流均为缓流。单次降雨过程中，顺坡宽垄（LWR）和顺坡窄垄（LNR）的垄沟弗汝德数（F_r）处于持续变化。降雨初期（前20min），垄沟内的F_r值变幅较大，整体呈上升趋势。这主要是由于雨滴击溅作用及径流对垄沟的冲刷，导致垄沟沟底土壤逐渐板结，坡面流速逐渐变大。随坡面径流稳定，F_r趋于稳定（图3.31）。

不同坡度和雨强条件下，弗汝德数（F_r）介于0.075～0.484，平均值为0.215。未覆盖残茬时，3°的顺坡宽垄（LWR）坡面内，垄沟弗汝德数（F_r）介于0.184～0.271，平均值为0.237；5°的顺坡宽垄（LWR）坡面内，垄沟弗汝德数（F_r）介于0.228～0.424，平均值为0.329；3°的顺坡窄垄（LNR）坡面内，垄沟弗汝德数（F_r）介于0.218～0.313，平均值为0.272；5°的顺坡窄垄（LNR）坡面内，垄沟弗汝德数（F_r）介于0.267～0.484，平均值为0.367（图3.32）。

当坡度由3°升至5°，顺坡宽垄（LWR）和顺坡窄垄（LNR）坡面内的垄沟弗汝德数（F_r）分别平均增加38.8%，后者较前者高12.7%。由于顺坡窄垄（LNR）坡面垄沟内的径流流速较快，为坡面侵蚀提供了较大动能，导致坡面侵蚀量增加。

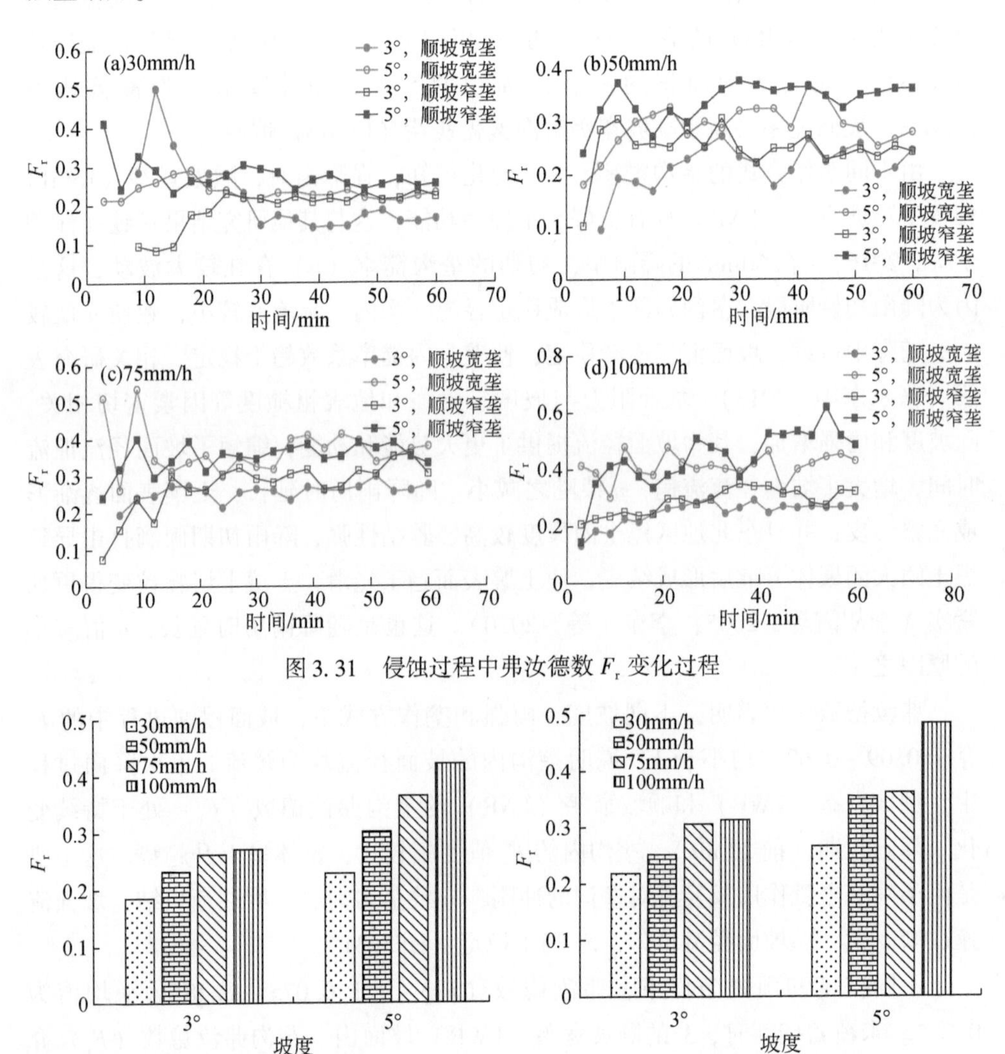

图3.31　侵蚀过程中弗汝德数 F_r 变化过程

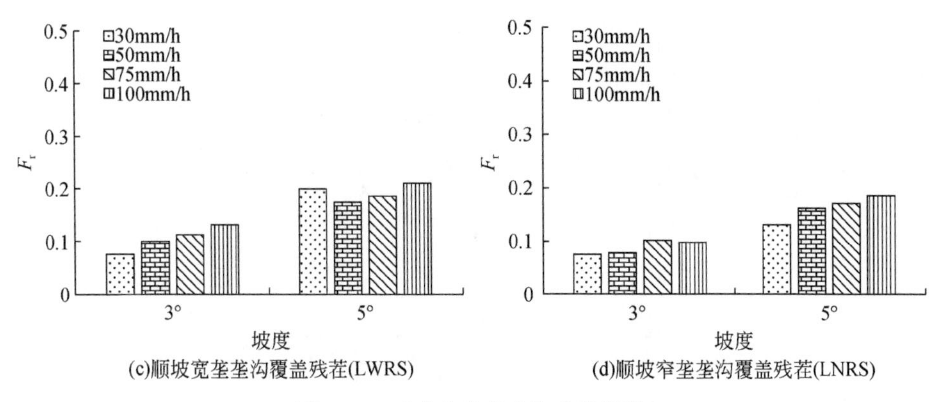

(c)顺坡宽垄垄沟覆盖残茬(LWRS)

(d)顺坡窄垄垄沟覆盖残茬(LNRS)

图 3.32 宽垄和窄垄垄沟弗汝德数

顺坡宽垄（LWR）垄沟糙率（n）、弗汝德数（F_r）与 $R \cdot S$ 间呈显著二次函数关系：

$$n = -0.0004(R \cdot S)^2 + 0.0154(R \cdot S) + 0.0776 \tag{3.7}$$

$$F_r = 0.0005(R \cdot S)^2 - 0.0173(R \cdot S) + 0.322 \tag{3.8}$$

不同降雨和坡度条件下，地表产流过程差异显著，致使垄沟出现不同状况形变，产流过程中的主要水力学特征出现差异。顺坡宽垄坡面，随 $R \cdot S$ 增加，顺坡宽垄（LWR）垄沟糙率（n）逐渐增加，但当 $R \cdot S \geqslant 15\text{MJ} \cdot \text{mm}/(\text{hm}^2 \cdot \text{h})$ 后，糙率（n）增速显著降低，表明随径流量增大，地表对坡面径流的阻滞作用趋于有限，使侵蚀模数随 $R \cdot S$ 的增速显著增加（图 3.33）；当垄沟糙率 $n > 0.3$ 时，减蚀效益随垄沟糙率（n）递增而递减的速率逐步放缓，可见仅通过改变汇流路径的水力学特征，无法有效减少坡面水蚀（图 3.34）。顺坡窄垄（LNR）的垄沟糙率（n）和弗汝德数（F_r）与 $R \cdot S$ 间无显著相关关系（图 3.33）。

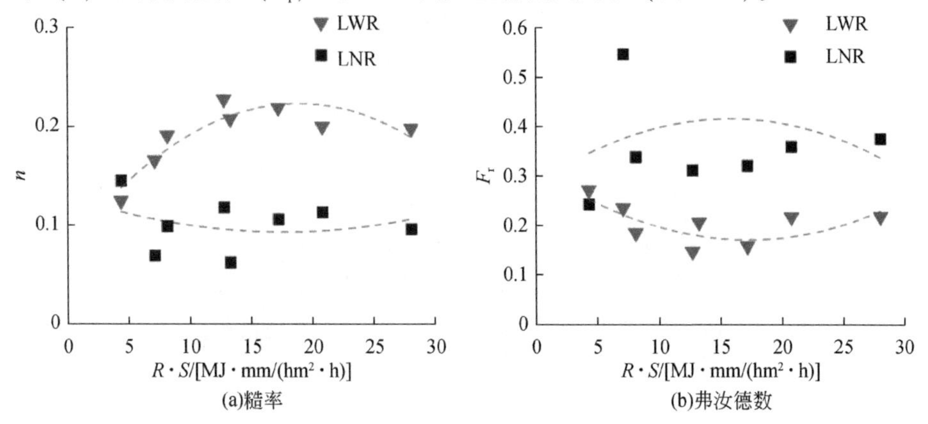

(a)糙率

(b)弗汝德数

图 3.33 $R \cdot S$ 与糙率和弗汝德数的关系

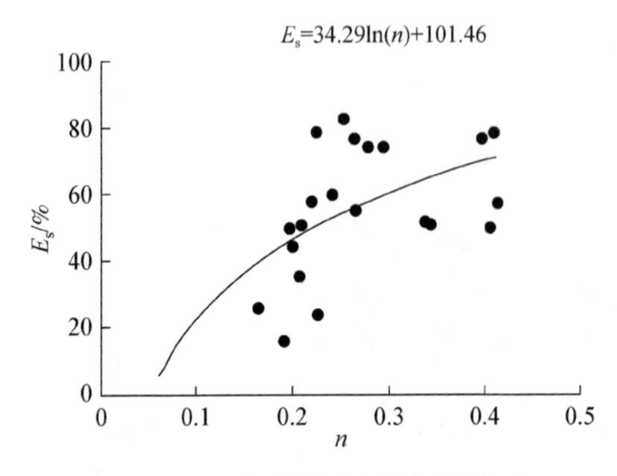

图 3.34　垄沟糙率与减蚀效益的关系

3.4　横垄坡面垄台损毁的关键参数阈值

东北黑土区夏秋季节降雨集中，且多发暴雨，容易形成集中径流引发土壤侵蚀。横坡垄作可有效推迟坡面产流时间，进而控制径流冲刷引发的土壤侵蚀。然而，横垄不同于梯田土埂，垄台稳定性较差，在遭遇强降雨时易被径流冲垮发生损毁。此外，由于微地形差异，横坡垄作难以严格按等高线修建，水流在较低处汇集仍会引起垄台损毁，使其土壤流失加剧、保土防蚀功能急剧减弱，成为整个坡面侵蚀产沙的主要来源和侵蚀沟发育起点。为此，本研究针对横坡窄垄（CNR）和横坡宽垄（CWR），选取 4 种典型雨强（30mm/h、50mm/h、75mm/h 和 100mm/h）、2 种漫川漫岗区主要坡度（3°、5°）、采用室内人工降雨正交试验，探究横垄损毁的水文参数变化特征（图 3.35）。

(a)横坡宽垄　　(b)横坡窄垄

图 3.35　横坡垄作室内模拟试验照片

3.4.1 横垄坡面垄台损毁变化阶段

横垄垄作坡面径流量强度随降雨历时的变化可分为坡面径流蓄渗、漫流和破垄三个阶段（图3.36）。

（1）第一个阶段：坡面径流蓄渗阶段

降雨被垄沟拦蓄，在土槽出口处仅有少量径流流出，且随降雨历时延续，地表径流增加较少，侵蚀量低。

（2）第二个阶段：漫流阶段

垄沟内拦蓄的径流漫过垄台，对垄台形成面蚀和细沟侵蚀，此时的坡面径流量开始增加。整个漫流过程中，由于横坡宽垄（CWR）的垄台更宽，径流对垄台的侵蚀过程的时间也更长，横坡窄垄（CNR）的垄台较窄，出现漫流后很快进入下一个阶段。

（3）第三个阶段：破垄阶段

坡面径流在短时间内显著增加，垄沟内拦蓄的径流冲破垄台，经由垄台缺口排出。随径流对垄台的不断冲刷，汇流路径趋于集中，使垄台的侵蚀形式由面蚀、细沟侵蚀开始向浅沟侵蚀转化，随沟头沿坡面向上逐渐发育，最终侵蚀沟贯通垄台。在极端降雨条件下，坡面易出现连续多个垄台损毁，使坡面径流呈现多峰多谷变化。同时，横坡窄垄（CNR）的垄台损毁时间较横坡宽垄（CWR）明显滞后，主要是因为横坡窄垄（CNR）的垄沟更深，单位面积垄沟存蓄径流更多。

(a)蓄渗阶段

(b)漫流阶段

(c)破垄阶段

图3.36　横坡垄作坡面产汇流过程

75mm/h 和 100mm/h 雨强下，横坡垄作均发生破垄。50mm/h 雨强下，除 3°横坡宽垄（CWR）外，其他横坡垄作坡面均发生破垄。30mm/h 雨强下，横坡垄作均未发生破垄。可见发生破垄的风险和概率随雨强和坡度增大而增大。

结合 75mm/h 和 100mm/h 雨强下的坡面产流和侵蚀过程，进一步分析强降雨条件下，垄台规格对横坡垄作坡面侵蚀的影响。结果表明（图 3.37），坡度 3°、雨强 75mm/h 时，横坡窄垄（CNR）溢流发生时间较宽垄晚 12min，垄台损毁时间晚 5min，径流峰值为宽垄的 2.1 倍，产沙峰值为宽垄的 3.4 倍。坡度 3°、雨强 100mm/h 时，横坡窄垄（CNR）溢流发生时间较宽垄晚 13min，垄台损毁时间晚 11min，径流峰值为宽垄的 1.3 倍，产沙峰值与宽垄接近。坡度 5°、雨强 75mm/h 时，横坡窄垄（CNR）溢流发生时间较宽垄晚 12min，垄台损毁时间晚 13min，径流峰值为宽垄的 4.7 倍，产沙峰值为宽垄的 8.2 倍。坡度 5°、雨强 100mm/h 时，横坡窄垄（CNR）溢流发生时间较宽垄晚 18min，垄台损毁时间晚 5min，径流峰值为宽垄的 3.6 倍，产沙峰值为宽垄的 15.9 倍。由此可见，强降雨条件下，由于横坡窄垄（CNR）的垄沟径流拦蓄量大于横坡宽垄（CWR），因此其溢流发生时间较晚，但因垄沟拦蓄径流更大，溢流后对垄台冲刷更强，溢流至垄台损毁的时间较宽垄短 2～13min，垄台侵蚀损毁更为严重（图 3.37）。

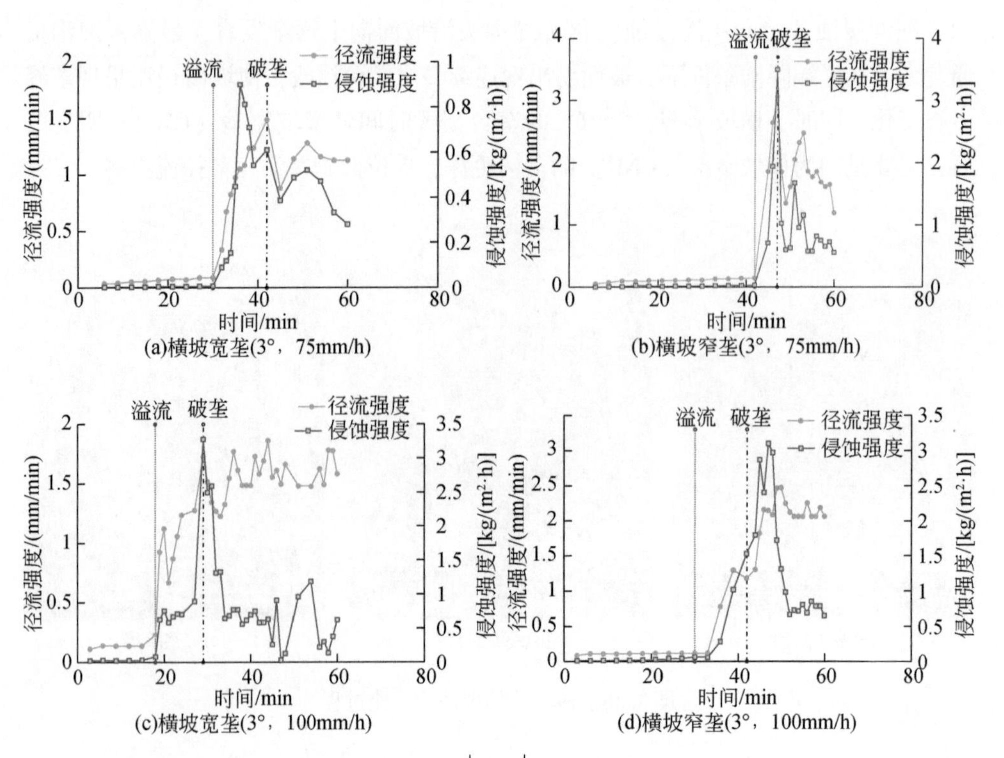

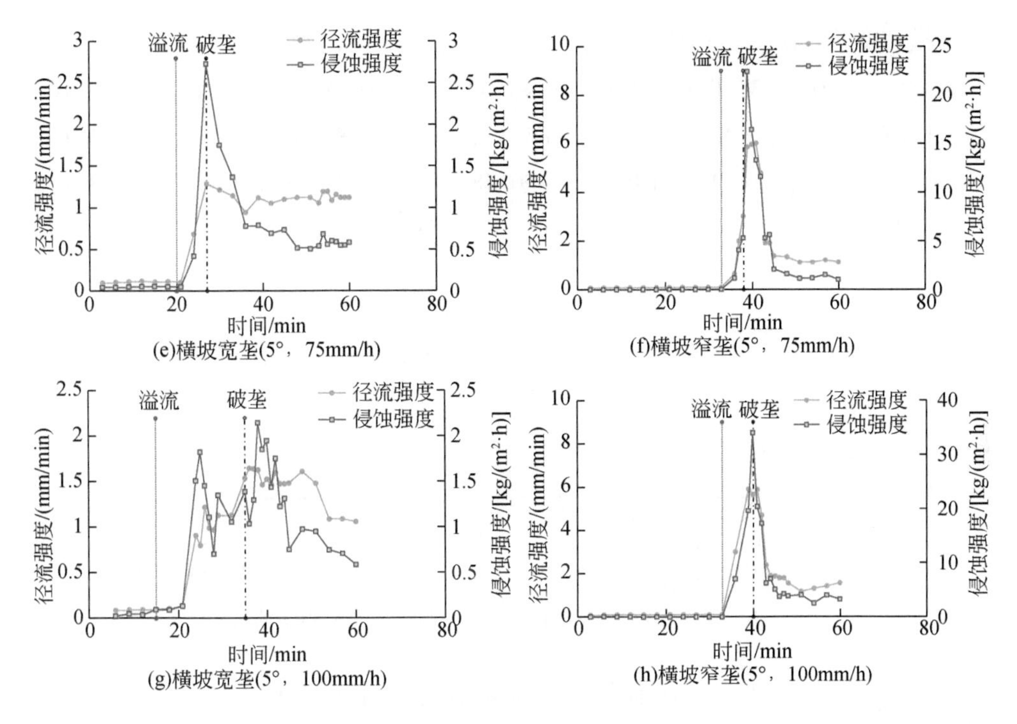

图 3.37　横坡宽垄和横坡窄垄的坡面产流和侵蚀过程

3.4.2　不同侵蚀阶段间参数阈值

对于横垄垄作坡面，提出影响侵蚀过程的主要影响因子，分析主要影响因子与横坡宽垄（CWR）及横坡窄垄（CNR）漫流发生后径流深（D_{OW}和 D_{ON}）、垄台损毁对应的土壤侵蚀模数（A_{FW}、A_{FN}）之间的定量关系。依据漫流发生时的径流临界值（$D_{OW}=0$ 和 $D_{ON}=0$）与垄台损毁发生的侵蚀临界值（$A_{FW}=0$ 和 $A_{FN}=0$），提出区分坡面径流蓄渗阶段、漫流阶段和破垄阶段 3 个过程的 2 组临界水文参数。对于破垄过程，则可细分为垄台轻度损毁和严重损毁 2 个阶段。将浅沟开始形成视为垄台由轻度损毁发展至严重损毁的临界条件。因为坡面细沟侵蚀宽度超过 20cm 后，极易发展为浅沟，所以将垄台损毁宽度（W_F）达到 20cm 作为垄台严重损毁的判定条件。

试验结果表明，若将试验坡面作为整体考虑，则 D_{OW}和 D_{ON}均与降雨侵蚀力（R）、降雨侵蚀力和坡度因子乘积（$R \cdot S$）呈极显著对数函数关系递增（图 3.38）：

横坡宽垄：$D_{OW}=35.72\ln(R)-67.59$，($R^2=0.87$，$p<0.01$) (3.9)

$D_{OW}=31.06\ln(R\cdot S)-46.02$，($R^2=0.78$，$p<0.01$) (3.10)

横坡窄垄：$D_{ON}=40.56\ln(R)-85.17$，($R^2=0.98$，$p<0.01$) (3.11)

$D_{ON}=31.26\ln(R\cdot S)-50.48$，($R^2=0.81$，$p<0.01$) (3.12)

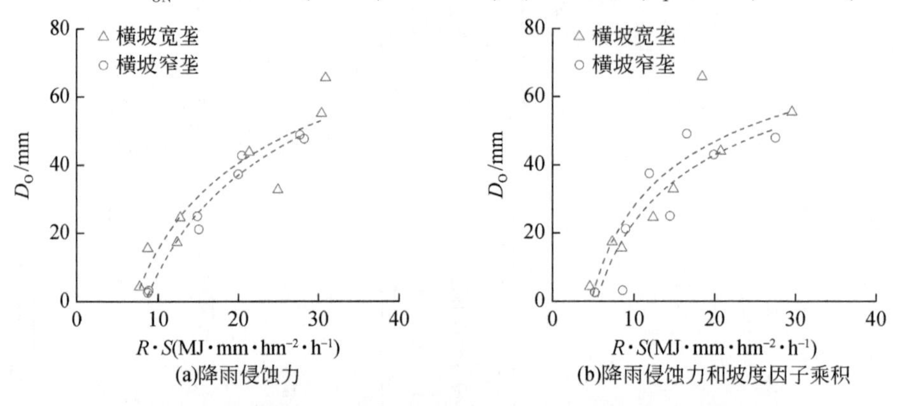

图 3.38 横垄坡面漫流发生后径流深与主要影响因子的关系

考虑到漫流发生对应的临界参数应综合考虑降雨侵蚀力和坡度，选取式(3.10)和式(3.12)，分别设定$D_{OW}=0$和$D_{ON}=0$，可知在土壤含水量接近饱和的条件下，坡面漫流发生时$R\cdot S$值分别为4.46MJ·mm/(hm^2·h)和5.03MJ·mm/(hm^2·h)，两者较接近，可视为横坡垄作坡面的漫流发生的关键水文参数阈值。由于在单位坡面面积上，横坡窄垄坡面垄沟最大蓄水量可达宽垄坡面的2.08倍，因此坡面漫流发生时的累积降雨量更大，对应的$R\cdot S$值更高。

若将试验坡面作为整体考虑，则A_{OW}和A_{ON}均与降雨侵蚀力(R)、产流过程径流深(D)、降雨侵蚀力和坡度因子乘积($R\cdot S$)及径流深和坡度因子乘积($D\cdot S$)呈显著线性函数关系递增(图3.39)：

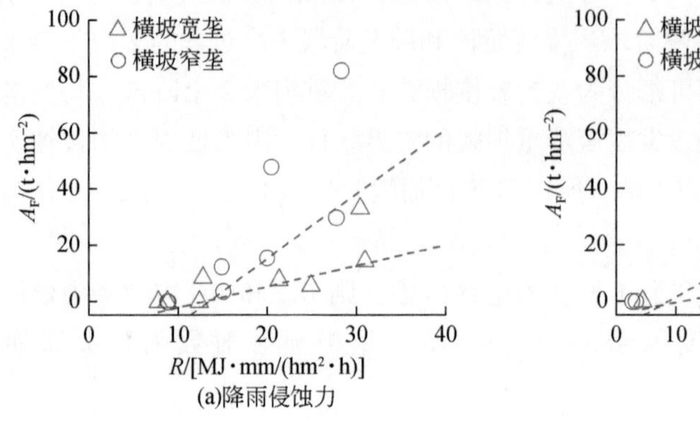

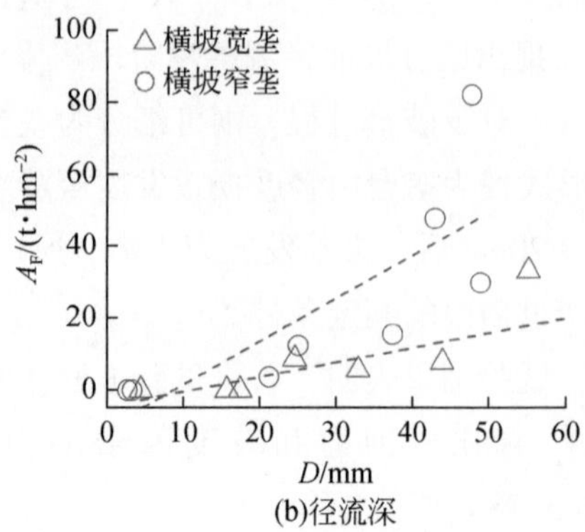

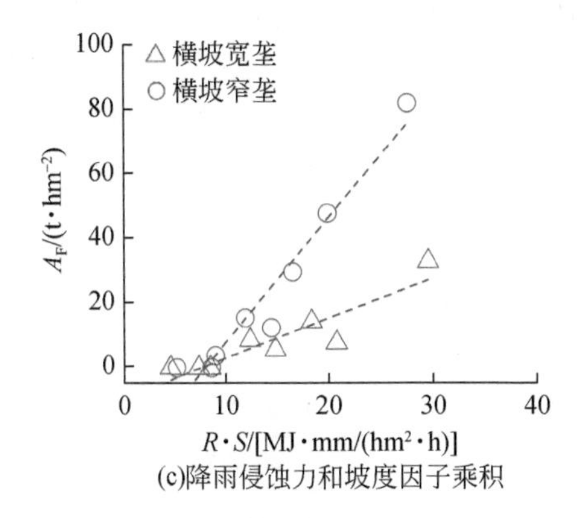

(c)降雨侵蚀力和坡度因子乘积

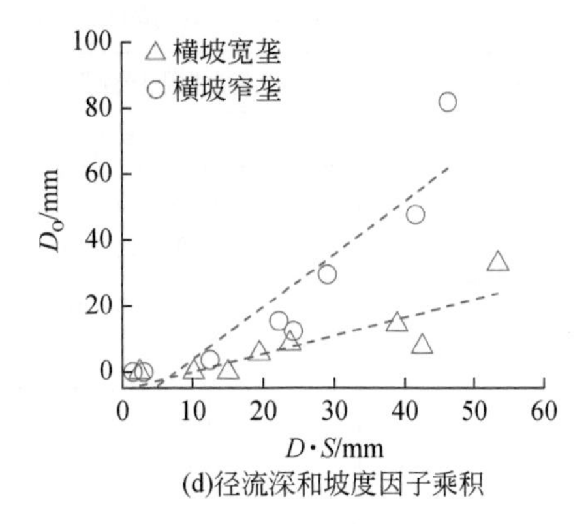

(d)径流深和坡度因子乘积

图 3.39　横垄坡面垄台损毁对应的土壤侵蚀模数与主要影响因子的关系

横坡宽垄：$A_{FW}=0.91R-8.32$，($R^2=0.60$，$p<0.05$)　(3.13)

$$A_{FW}=0.41D-4.41,\ (R^2=0.59,\ p<0.05) \tag{3.14}$$

$$A_{FW}=1.25R\cdot S-9.37,\ (R^2=0.84,\ p<0.01) \tag{3.15}$$

$$A_{FW}=0.55D\cdot S-5.49,\ (R^2=0.75,\ p<0.05) \tag{3.16}$$

横坡窄垄：$A_{FN}=3.10R-31.85$，($R^2=0.66$，$p<0.05$)　(3.17)

$$A_{FN}=1.20D-10.35,\ (R^2=0.61,\ p<0.05) \tag{3.18}$$

$$A_{FN}=3.89R\cdot S-30.98,\ (R^2=0.94,\ p<0.01) \tag{3.19}$$

$$A_{FN}=1.60D\cdot S-12.37,\ (R^2=0.84,\ p<0.01) \tag{3.20}$$

由（3.13）~式（3.20）可知，复合因子与侵蚀模数间线性方程拟合效果整体优于单因子拟合。若选取式（3.15）和式（3.19），分别设定 $A_{FW}=0$ 和 $A_{FN}=0$，可知垄台损毁发生时 $R\cdot S$ 值分别为 7.50MJ · mm/(hm² · h) 和 7.96MJ · mm/(hm² · h)；若选取式（3.16）和式（3.20），垄台损毁发生时 $D\cdot S$ 值分别为 9.98mm 和 7.73mm，其均可视为横坡垄作坡面的垄台损毁发生的关键水文参数阈值。考虑到 $R\cdot S$ 值仅适用于裸露坡面，而 $D\cdot S$ 值可用于不同地表覆盖状况的下垫面，因此选取上述 $D\cdot S$ 值做为关键水文参数阈值。

按照东北黑土区土壤侵蚀分级标准（《黑土区水土流失综合防治技术标准》(SL446—2009)），根据上述横垄损毁坡面径流深和坡度因子乘积（$D\cdot S$）的线性关系，获得不同垄台损毁程度（横垄损毁坡面土壤侵蚀强度）对应的 $D\cdot S$ 范围（表 3.4）。宽垄垄台宽度为窄垄的 2.33 倍，各自线性关系不同；宽垄垄台损毁所对应的 $D\cdot S$ 值明显高于窄垄垄台。

表 3.4 不同的垄台损毁侵蚀强度下 $D \cdot S$ 对应范围

垄作方式	垄台损毁侵蚀强度/(t/hm^2)	对应 $D \cdot S$ 范围/mm
横坡宽垄	微度（≤2）	(≤13.62)
	轻度（2，12]	(13.62，31.80]
	中度（12，24]	(31.80，53.62]
	强烈（24，36]	(53.62，75.44]
	极强烈（36，48]	(75.44，97.25]
	剧烈（>48）	(>97.25)
横坡窄垄	微度（≤2）	(≤8.98)
	轻度（2，12]	(8.98，15.23]
	中度（12，24]	(15.23，22.73]
	强烈（24，36]	(22.73，30.23]
	极强烈（36，48]	(30.23，37.73]
	剧烈（>48）	(>37.73)

室内人工降雨观测发现，对于顺坡宽垄（LWR）和顺坡窄垄（LNR），坡面侵蚀的形式以面蚀和细沟侵蚀为主，在任何雨强下均未发生浅沟侵蚀。对于横坡宽垄（CWR）和横坡窄垄（CNR），垄台损毁前以面蚀为主，垄台损毁后则出现浅沟侵蚀。极端降雨结束后，横坡宽垄（CWR）垄台损毁处的宽度介于9～68cm，平均值为30.6cm，92%的损毁部位最大宽度值超过20cm；横坡窄垄（CNR）垄台损毁处的宽度介于7～138cm，平均值为33.1cm，86%的损毁部位最大宽度超过20cm，当坡面细沟侵蚀宽度超过20cm后，易发展为浅沟侵蚀。

随坡面径流量增加，垄台损毁的宽度和体积相应扩大，致使浅沟侵蚀逐渐发展。若以单条垄台为分析对象，则单条垄台破损体积（V_F）与该垄台对应集水区内坡面径流深和坡度因子乘积（$D \cdot S$）间呈显著的线性函数递增关系。随$D \cdot S$增加，5°横坡窄垄（CNR）的垄台损毁量增速最快，3°横坡窄垄（CNR）的垄台损毁量增速相对最慢，横坡宽垄（CWR）垄台的损毁量增速介于两者之间。单条垄台损毁宽度（W_F）与其对应集水区内坡面径流深和坡度因子乘积（$D \cdot S$）亦呈显著指数递增（图3.40）：

$$5°横坡窄垄: W_{FN5}=2.42D \cdot S-11.28, (R^2=0.72, P<0.01) \quad (3.21)$$

$$3°横坡窄垄: W_{FN3}=1.87D \cdot S-3.48, (R^2=0.64, P<0.05) \quad (3.22)$$

$$横坡宽垄: W_{FW}=1.28D \cdot S-3.62, (R^2=0.59, P<0.05) \quad (3.23)$$

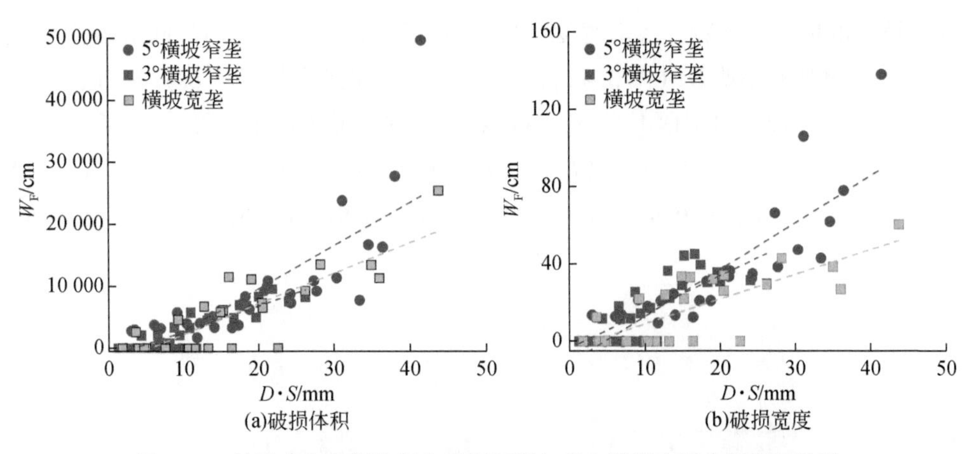

图 3.40　单根垄台破损体积和破损宽度与其上游集水区内径流量关系

当坡面细沟侵蚀宽度超过 20cm 后，极易发展为浅沟，因此将垄台损毁宽度（W_F）达到 20cm 作为垄台严重损毁的判定条件，将该值分别代入公式（3.21）~（3.23），可推知 5°窄垄、3°窄垄和横坡宽垄的垄台发生严重损毁时，垄台集水区内坡面径流深和坡度因子乘积（$D\cdot S$）临界值分别为 18.45mm、12.56mm 和 12.93mm。

在不同坡度和垄台规格情况下，浅沟形态特征有所差异。横坡窄垄（CNR）坡面随浅沟长度（L_F）增加，浅沟宽度（W_F）相应增加，坡度为 3°和 5°时两者均呈显著正相关（图 3.41）。当浅沟长度大于 400cm 时，5°横坡窄垄（CNR）坡面的浅沟宽度（W_F）增速更为显著，3°横坡窄垄（CNR）坡面的浅沟宽度（W_F）增速有所减缓［式（3.24）和式（3.25）］。以 75mm/h 和 100mm/h 雨强下的横坡窄垄（CNR）坡面为例，5°和 3°坡度下均发生垄台损毁，并形成浅沟，

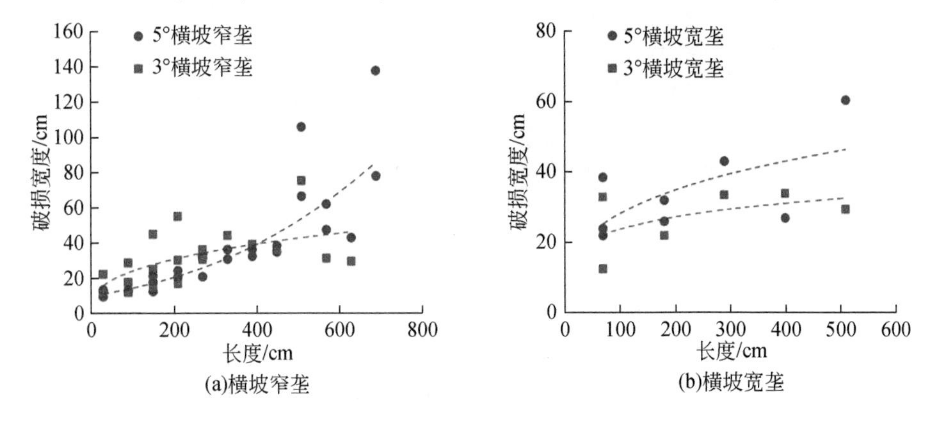

图 3.41　横坡垄作坡耕地浅沟长度和浅沟宽度关系

但5°坡面的坡中至坡脚，浅沟宽度（W_F）显著增加，而3°坡面相同坡段浅沟宽度（W_F）增加并不明显（图3.42）。对于宽垄，随浅沟长度（L_F）增加，浅沟宽度（W_F）增加，但增幅不明显，且两者间不存在显著正相关关系：

$$W_{F3}=3.78L_F^{0.383},(R^2=0.48,p<0.01) \tag{3.24}$$

$$W_{F5}=10.93\exp(0.0031L_F),(R^2=0.87,p<0.01) \tag{3.25}$$

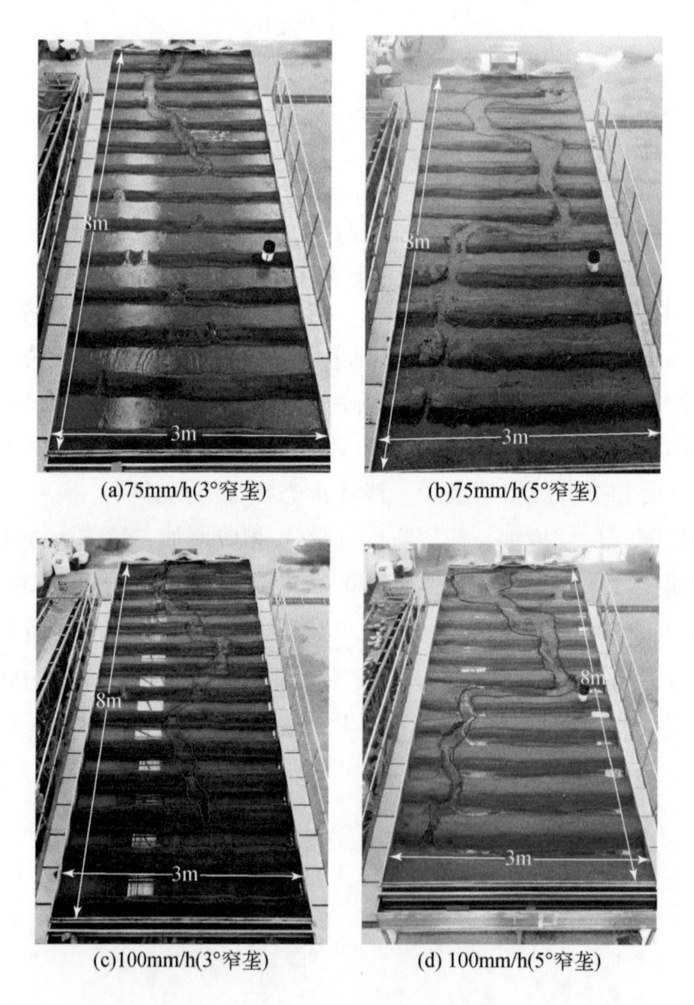

(a)75mm/h(3°窄垄)　(b)75mm/h(5°窄垄)

(c)100mm/h(3°窄垄)　(d) 100mm/h(5°窄垄)

图3.42　人工降雨下的横坡窄垄损毁示意图

由式（3.16）和式（3.20）~式（3.23）则可推算不同坡度的横坡垄作坡面垄台轻度损毁和严重损毁发生时的临界坡面径流深（表3.5）。

表 3.5　不同坡度的横坡垄作坡面垄台轻度损毁和严重损毁发生时的临界坡面径流深

坡度/(°)	1	2	3	4	5
宽垄轻度损毁/mm	45.68	24.53	16.77	12.74	10.28
窄垄轻度损毁/mm	35.38	19.00	12.99	9.87	7.96
宽垄严重损毁/mm	101.38	54.43	37.21	28.28	22.80
窄垄严重损毁/mm	69.43	37.28	25.49	19.37	15.62

东北黑土区地势长缓，坡度多在5°以下，坡长多介于300~1500m，致使耕地地块上游的集水面积较大，在暴雨过程中汇集大量地表径流，易冲刷损毁横坡垄作的垄台，并形成浅沟侵蚀路径。因此，东北黑土区坡耕地水土流失防治中，应对坡面“分而治之”，即通过形成合理的径流排导路径，减少单个地块的集水面积，以实现理水减蚀的目标。

3.4.3　坡面泥沙沉泥状况

对于发生浅沟侵蚀的坡面，以横坡垄作为例，将极端降雨导致垄台损毁形成浅沟后的坡面侵蚀模数（A）与产沙模数（SY）进行对比分析，结果发现，以SY为自变量，A为因变量，两者拟合的过原点线性方程斜率仅为0.256，这意味着平均约75%的侵蚀泥沙在坡面发生沉积，沉积部位主要为垄沟。当垄台发生损毁时，若位于其下游的垄台未立即损毁，则该垄台损毁产生的侵蚀泥沙易在下一级垄沟中沉积（图3.43）。部分垄沟中，沉积泥沙阻断了垄沟间水流横向连通，成为明显的浅沟侵蚀路径（图3.44）。

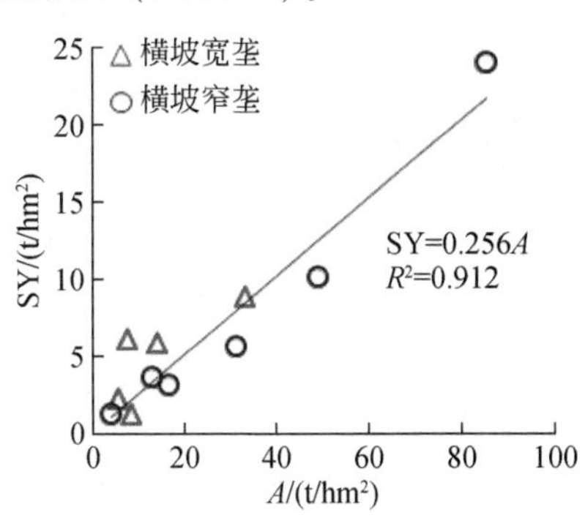

图3.43　浅沟侵蚀过程坡面侵蚀模数和产沙模数关系

图 3.44 垄沟中泥沙沉积状况

为明确室内模拟试验的认识是否在野外侵蚀过程中依然存在，以黑龙江省嫩江市鹤山农场的鹤北 8 号小流域为例，采用集水区尺度的观测资料做进一步分析。该小流域面积有 2.1km²，耕地面积约占流域总面积的 95%。利用坡面侵蚀、侵蚀沟监测和流域出口量水堰径流泥沙监测等观测资料，计算该流域雨季次产流泥沙输移比介于 0.04 ~ 0.76，平均值为 0.38（焦剑，2010）。由此可见，大部分侵蚀物质进入河道前已发生沉积，这主要是流域地形特征所致。流域地表坡度多在 3°以下，主河道坡降平均 27.4‰，使流域降雨汇流时间较长，量水堰观测到的产流开始时间较降雨开始时间平均晚 8.41h（表 3.6）。由于汇流速度慢，径流容易入渗，加之夏季气温高，蒸发较强烈，故流域出口产流量少，径流系数平均值仅为 0.02。地表径流在入渗和蒸发的同时，所挟带的侵蚀物质相应在坡脚、草甸等地势平缓或地表阻力较大处沉积，地表低洼处形成的积水也会促进侵蚀物质沉积。已有研究表明，地表积水可使进入其中的 90% 泥沙发生沉积（Flanagan and Nearing，1995）。此外，横坡垄作坡面的垄沟也可能成为侵蚀泥沙大量沉积的部位，相应增加了流域侵蚀-沉积沿程分布的复杂性。

表 3.6 鹤北 8 号小流域 2006 年降雨产流泥沙输移比

产流日期	降雨产流特征			流域侵蚀输沙特征		
	降雨量/mm	径流系数	降雨-出现产流时间/h	侵蚀模数/（t/km²）	输沙模数/（t/km²）	泥沙输移比
2006 年 6 月 7 日	14.80	0.027	13.08	13.99	10.71	0.76
2006 年 6 月 16 日	11.00	0.044	0.65	14.64	6.22	0.43
2006 年 6 月 19 日	11.40	0.005	13.25	12.09	0.45	0.04

续表

产流日期	降雨产流特征			流域侵蚀输沙特征		
	降雨量/mm	径流系数	降雨-出现产流时间/h	侵蚀模数/（t/km²）	输沙模数/（t/km²）	泥沙输移比
2006 年 7 月 11 日	29.80	0.002	0.62	3.02	0.34	0.11
2006 年 7 月 22 日	33.80	0.003	14.45	2.85	0.24	0.08
平均	20.16	0.02	8.41	9.32	3.59	0.38

东北典型黑土区地貌以丘陵漫川漫岗为主，坡度一般不大，主要是直线坡和凹形坡，也有一些弱变化的复式坡和不明显的凸形坡。从坡顶向下，面蚀起初随坡面径流厚度、流速和携带泥沙量的增大而逐渐增强，至一定距离后，由于泥沙负荷太大，损耗了径流冲刷力而使面蚀减弱，至坡脚则代之以堆积。坡地侵蚀过程自上而下可分为互相过渡的几个带，即岗顶溅蚀带、面蚀加强带、面蚀强烈带和坡下沉积带，复式坡情况下可出现坡间沉积带；而沟蚀在坡面和谷底均有发育（图 3.45）。谷底沟的沟头溯源侵蚀剧烈，在湿润年份则发育迅速，在干旱年份发育基本停滞，在降雨量中等的年份却往往出现堆积。坡面沟发育同样迅速，其主要侵蚀来源于沟壁崩塌和沟底下切。其在冬季受冻融侵蚀的影响造成沟壁崩塌，而雨季强径流将冻融侵蚀堆积在沟底的松散堆积物冲走，使得切沟体积迅速扩张。如果把面蚀和沟蚀统一起来，可以总结出黑土漫岗区坡地侵蚀分带的基本模式（图 3.45）。

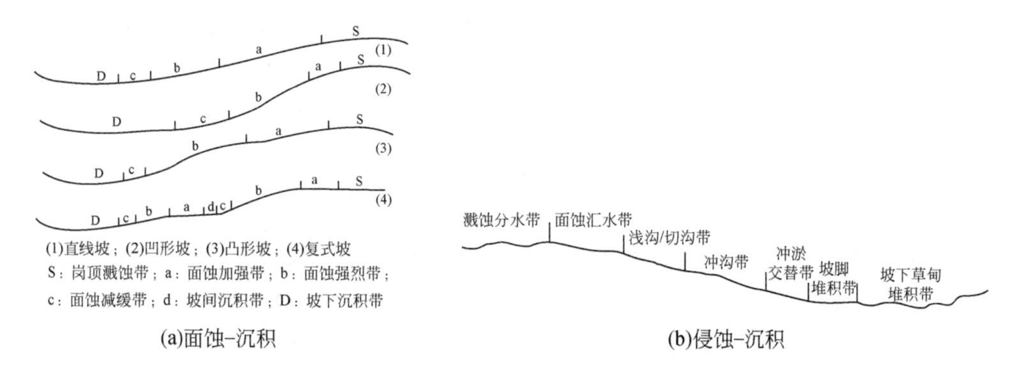

(a)面蚀-沉积　　(b)侵蚀-沉积

图 3.45　丘陵漫岗区坡地面蚀-沉积和侵蚀-沉积垂直分带示意图
（范昊明等，2005）

3.5 本章小结

1）在内蒙古扎兰屯市采用野外原位放水冲刷试验，分析了10～70m坡长范围内横垄、斜垄、顺垄、秋翻地（无垄对照）4种垄作方式的产流产沙特征与侵蚀沉积分异。结果表明，不同流量下，顺坡垄作产流最早，横坡垄作产流最晚，不同垄作方式间的初始产流时间呈横坡垄作>斜坡垄作>秋翻地（无垄对照）>顺坡垄作。不同垄作方式的产流速率在初期均有明显增加趋势，而后某一刻达到峰值后逐渐递减最终趋于平稳，受放水流量强弱影响，存在不同变化过程；径流含沙量基本都在起始阶段出现峰值，随后逐渐减小并趋于稳定，且随冲刷流量增强，径流含沙量随之升高、变异系数增大。横坡垄作与斜坡垄作方式下，随持续放水，径流逐渐蓄满沟垄并出现漫顶，此刻产流速率达到峰值，之后随拦蓄径流排出流速降低并趋于平稳，若垄台损毁，则将形成新的水流路径，导致产流速率峰值出现并快速趋于稳定。总体上，横垄、斜垄在小流量下均具有一定减蚀作用，较大流量下则因垄台损毁反而较无垄和顺垄侵蚀加剧。累积产沙量的对比显示，70m坡长范围内，同等条件的30m坡长侵蚀最强，结合侵蚀-沉积分布，认为30m是长缓坡耕地坡长-侵蚀关系的阈值，大于阈值后因更多沉积而侵蚀减弱。

2）鉴于当前对强降雨下的垄作坡耕地侵蚀规律研究不足，相关模型参数取值缺乏依据，采用室内人工降雨试验，分析了不同坡度、雨强和垄作方式的坡耕地侵蚀变化，确定了顺坡宽垄、顺坡窄垄、横坡宽垄和横坡窄垄4种垄作方式的强降雨减蚀作用。结果表明，以顺坡窄垄为对照，其他垄作方式在强降雨下均具有一定减蚀作用。横坡宽垄破垄前，平均减蚀61.6%，破垄后仅18.7%；横坡窄垄破垄前，平均减蚀93.3%，破垄后反而增加侵蚀44%。不同垄作方式的径流深、侵蚀模数分别随降雨侵蚀力和坡度因子乘积呈显著线性和幂函数递增，乘积值超过15后，侵蚀模数增幅加大，尤以横坡窄垄耕作最为明显。若不发生垄台损毁，横坡垄作是减少土壤侵蚀效果最好的垄作方式，单位面积上横坡窄垄的垄沟拦蓄径流量是横坡宽垄的2.08倍，其理水减蚀作用更显著。若垄台发生破损且最大雨强≤75mm/h，则顺坡宽垄的减蚀效果均优于横坡垄作，横坡窄垄加剧侵蚀的作用开始显现；若垄台发生破损且最大雨强>75mm/h，则横坡窄垄加剧侵蚀的作用显著大于横坡宽垄和顺坡宽垄。

3）东北黑土区顺坡垄作方式十分普遍，为回答宽垄、窄垄哪种方式更有利于保土减蚀，采用室内人工降雨试验，对比分析了两种方式的糙率、水力半径等水文参数变化。结果表明，顺坡宽垄较窄垄的水力半径平均提高10%，径流更趋向于缓流，有利于阻滞径流，减少侵蚀，且覆盖残茬后糙率增大减蚀效果更为明显，值得首选。宽垄糙率随降雨侵蚀力和坡度乘积先增后减，减蚀效果随糙率先增后趋于平缓，表明宽垄较窄垄的水土保持优势在较大降雨和较大坡度下存在弱化。次降雨中，裸露垄沟的糙率介于0.087～0.177，宽垄整体高于窄垄，平均值为0.132；残茬覆盖垄沟的糙率介于0.203～0.415，平均值为0.312。相比之下，顺垄糙率均明显大于SWAT模型参数取值范围，利用相关模型开展垄作长缓坡水沙模拟，须结合本区特征，进行实测率定，否则将造成较大误差。

4）为探究横垄损毁的水文参数变化特征，采用室内人工降雨试验，分析了不同雨强和坡度下，横坡窄垄与横坡宽垄的侵蚀变化。其在强降雨下的产流过程大致经历蓄渗、漫流和破垄3个阶段，破垄概率和严重程度随雨强及坡度协同增大。据此提出区分坡面径流蓄渗阶段、漫流阶段和破垄阶段3个过程的2组临界水文参数。对于破垄过程，则可细分为垄台轻度损毁和严重损毁2个阶段，将浅沟开始形成视为垄台由轻度损毁发展至严重损毁的临界条件。横坡垄作坡耕地土壤侵蚀模数与破面径流深和坡度因子乘积（$D \cdot S$）呈显著线性递增，横坡宽垄和横坡窄垄损毁对应的$D \cdot S$阈值分别9.98mm和7.73mm，可视为破垄（垄台轻度损毁）判定参数阈值。垄台损毁部位的宽度超过20cm易发育为浅沟，以此为严重损毁标准，则5°横坡窄垄、3°横坡窄垄和横坡宽垄发生严重损毁的$D \cdot S$阈值分别为18.45mm、12.56mm和12.93mm。

4 垄作坡面降雨产流预测方法改进

水量平衡是水文过程分析研究的基础。准确预测地表径流，对于水文预报和侵蚀模拟均十分重要。目前，地表产流模拟模型主要有机理和经验两类。常见机理模型的计算方法有 Green-Ampt 入渗曲线（Viji et al., 2015）、Philip 入渗曲线（Philip, 1957）、Horton 入渗曲线（Chow 等，1988）等，这些模型方法理论基础充分、层次清晰，可更准确地模拟地表产流水文过程；但由于涉及参数多，且不易获取，限制了其在不同区域的广泛应用。在东北地区地表径流预报工作中，学者们研究了采用 Philip 入渗曲线模拟残差覆盖对人工降雨条件下坡面产流的影响（Xin et al., 2016），并将径流曲线数模型应用于个别地区（许秀泉等，2019）。就东北黑土区现有水土流失监测数据资料积累而言，该区基础资料相对缺乏，因此建立既具有一定精度又简单实用的经验模型是十分必要的。

课题组针对东北黑土区垄作长缓坡的降雨产流过程，综合采用室外径流小区观测分析和室内人工降雨试验模拟方法，对常用的径流曲线数（soil conservation service-curve number，SCS-CN）模型进行参数改进和适宜性评价，对 Phillip 入渗方程进行参数率定和适宜性评价，最终提出东北黑土区垄作长缓坡次降雨产流计算方法。上述研究成果，可丰富黑土地水土过程研究的理论方法体系，为深入揭示东北黑土区坡面水土流失过程及其阻控机制，科学指导理水防蚀措施研发及其高效布局提供有效手段。

4.1 基于 Phillip 入渗方程与水量平衡的产流模拟

土壤入渗特性对地表产流、侵蚀过程调控及农业灌溉优化等都具有重要意义。20 世纪初以来，不少学者提出许多半理论半经验性的入渗公式，大量研究表明，Philip 入渗方程能较好地描述均质土壤的一维垂直入渗过程。该公式由 Philip 于 1975 年在 Rechilds 方程基础上，按照一定边界和初始条件，运用 Bolman

变换得到方程级数解，其二项式入渗方程为：

$$f_p = 0.5S \cdot t^{-0.5} + A \tag{4.1}$$

式中，f_p为下渗能力（mm/min）；t为历时（min）；S为吸渗率（$mm \cdot min^{-0.5}$）；A为稳渗率（mm/min）。

鉴于目前 Phillip 入渗方程所需吸渗率（S）和稳渗率（A）两个关键参数，均未见垄作长缓坡下垫面条件的试验研究，给参数取值及模拟应用造成限制。为此，本书尝试采用 Phillip 入渗方程模拟垄作长缓坡降雨过程的土壤入渗，并通过水量平衡计算获得其地表产流，以期建立相应的垄作长缓坡地表产流预测方法。因建立 Phillip 入渗方程需要系统分析降雨和地表产流过程，拟通过人工模拟降雨实验率定上述两个参数。

4.1.1 模拟降雨试验的吸渗率和稳渗率率定

试验结果表明，顺坡垄作裸露坡面和无垄裸露坡面的径流强度随降雨历时延长，整体呈先增加、后趋于稳定的趋势。这是由于降雨初期，土壤表面相对粗糙，土壤自身的截留作用减缓了地表产流。随降雨延续，雨滴击溅作用使土壤空隙被细小土壤颗粒堵塞，影响水分入渗，地表产流逐渐增大。降雨持续 15min 后，坡面土壤因径流冲刷逐渐板结，并形成相对稳定的流通路径，使坡面产流逐渐稳定。

不同雨强下，无垄坡面和顺坡宽垄坡面的产流过程差异明显。顺坡起垄后，坡面形成稳定的集中汇流路径，不同雨强下的产流均早于无垄坡面，且产流强度更高（图 4.1a ~ 图 4.1f）。坡度 3°时，不同雨强下顺坡宽垄坡面的径流强度较无垄坡面高 3% ~40%，平均高 23%；坡度 5°时，高 6% ~31%，平均高 22%。但在 100mm/h 雨强下，无垄坡面和顺坡宽垄坡面的径流强度及产流过程差异不大。顺坡窄垄坡面的径流强度仅比顺坡宽垄平均低 5%（图 4.1c ~ 图 4.1f）；而在 30mm/h 和 50mm/h 雨强下，其产流早于无垄坡面，且产流强度明显更高；75mm/h 和 100mm/h 雨强下，顺坡窄垄坡面产流时间仍早于无垄坡面，但在12 ~ 15min 坡面产趋于稳定后，其产流强度与无垄坡面的差异并不显著（图 4.1）。在 75mm/h 和 100mm/h 的雨强下，顺坡垄沟覆盖残茬的坡面相对顺坡垄沟裸露坡面径流强度更高，主要因为残茬吸收径流后处于水分饱和状态，且会形成相对的隔水层，阻碍垄沟中径流与土壤直接接触发生入渗，其径流系数更高。

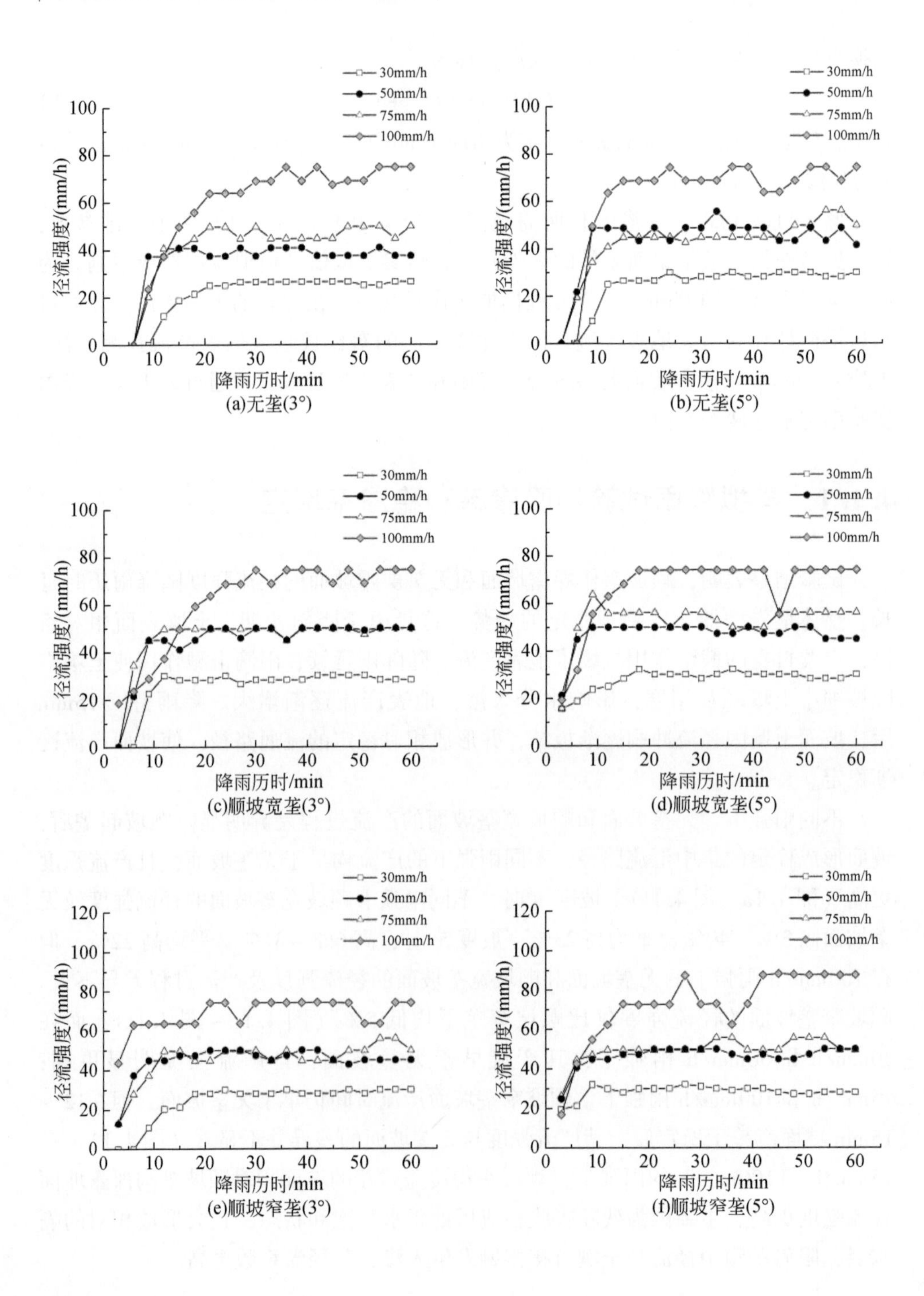

(a)无垄(3°)
(b)无垄(5°)
(c)顺坡宽垄(3°)
(d)顺坡宽垄(5°)
(e)顺坡窄垄(3°)
(f)顺坡窄垄(5°)

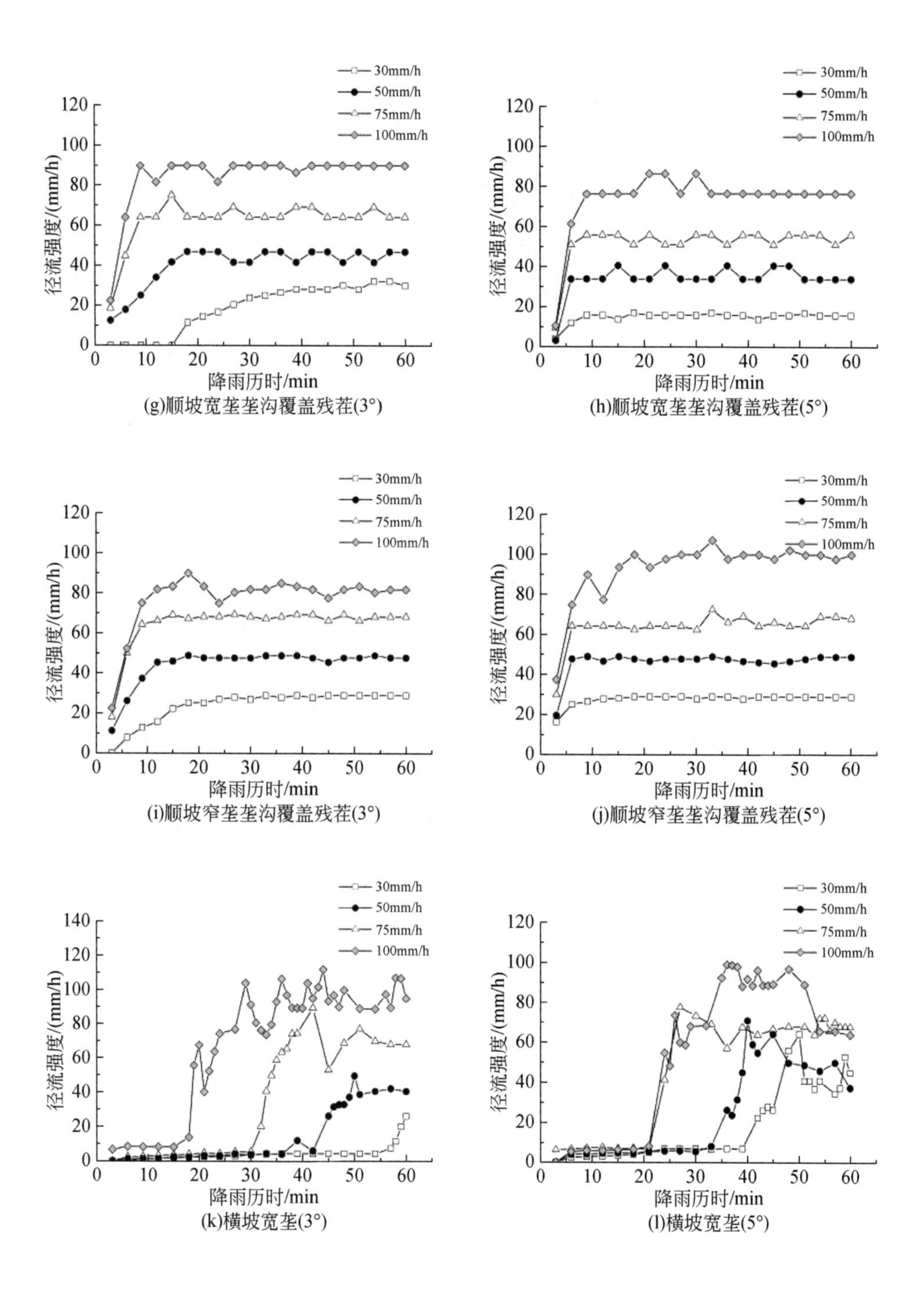

30mm/h
50mm/h
75mm/h
100mm/h
径流强度/(mm/h)
降雨历时/min
(g)顺坡宽垄垄沟覆盖残茬(3°)
(h)顺坡宽垄垄沟覆盖残茬(5°)
(i)顺坡窄垄垄沟覆盖残茬(3°)
(j)顺坡窄垄垄沟覆盖残茬(5°)
(k)横坡宽垄(3°)
(l)横坡宽垄(5°)

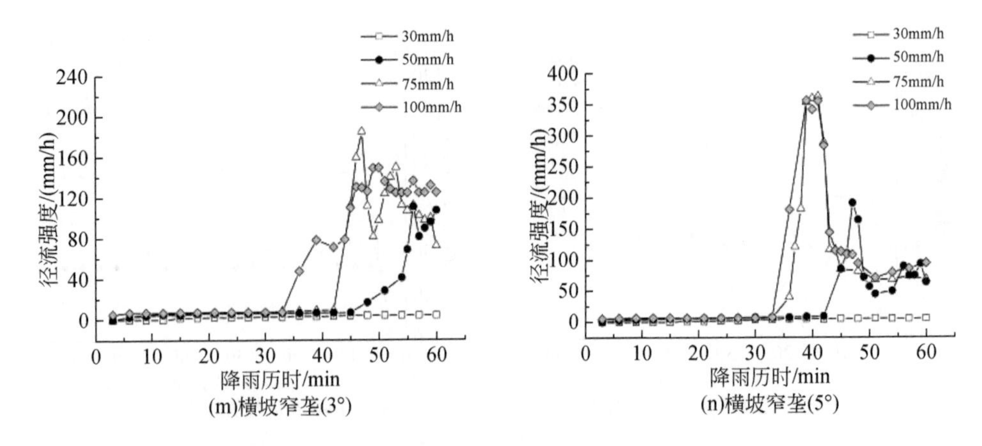

图 4.1 不同降雨和耕作措施下无垄作和顺坡宽垄坡面产流过程

根据试验结果，率定了吸渗率（S）和稳渗率（A）（表4.1），并采用Phillip入渗方程和水量平衡计算了坡面产流。对于无垄、顺坡宽垄、顺坡窄垄、顺坡宽垄垄沟覆盖残茬和顺坡窄垄垄沟覆盖残茬，当坡度3°时，对应的吸渗率（S）平均分别为1.577、1.376、1.007、0.876和1.319，呈无垄>顺坡宽垄>顺坡窄垄垄沟覆盖残茬>顺坡窄垄>顺坡宽垄垄沟覆盖残茬；稳渗率（A）平均分别为0.177、0.225、0.209、0.039和0.020，呈顺坡耕作>无垄>顺坡耕作垄沟覆盖残茬。当坡度5°时，吸渗率（S）平均分别为1.289、1.479、1.361、1.294和1.373，相互间的差异较3°时明显减小；稳渗率（A）平均分别为0.204、0.164、0.165、0.005和-0.014，无垄最高，顺坡宽垄和顺坡窄垄次之且差别不大，顺坡耕作垄沟覆盖残茬最低。地表裸露时，不同雨强和坡度组合条件下，参数S和A变化幅度较大，均与次降雨总动能和坡度因子比值（E/S_o）呈幂函数递增关系；在顺坡垄作垄沟覆盖残茬时，S和A与（E/S_o）之间的幂函数关系不显著（图4.2）。可见地表覆盖状况变化可使产流入渗过程变化更为复杂。对于横坡垄作，因其雨量和雨强达到一定程度后，垄沟会因径流冲刷发生损毁，短时间内产生大量地表径流，难以通过产流量推算入渗量，也无法通过Phillip入渗方程下渗能力随时间增加而呈规律变化的设定计算入渗量，因此未采用该方程模拟横坡垄作径流量。

表 4.1 不同垄作条下的黑土坡面 Phillip 入渗方程参数取值

垄作方式		3°					5°				
		雨强 30 mm/h	雨强 50 mm/h	雨强 75 mm/h	雨强 100 mm/h	平均	雨强 30 mm/h	雨强 50 mm/h	雨强 75 mm/h	雨强 100 mm/h	平均
无垄	S	0.664	0.842	1.585	3.216	1.577	0.821	0.726	0.852	2.755	1.289
	A	0.017	0.183	0.325	0.182	0.177	0.059	0.029	0.451	0.277	0.204
顺坡宽垄	S	0.946	0.752	1.123	2.683	1.376	0.904	0.938	1.548	2.527	1.479
	A	0.015	0.033	0.425	0.426	0.225	0.049	0.06	0.216	0.331	0.164
顺坡窄垄	S	0.623	1.173	0.817	1.413	1.007	0.884	0.712	1.302	2.547	1.361
	A	0.03	0.083	0.467	0.255	0.209	0.017	0.073	0.299	0.271	0.165
顺坡宽垄垄沟覆盖残茬	S	1.148	0.765	1.266	0.326	0.876	0.461	0.408	1.612	2.694	1.294
	A	-0.077	0.043	0.103	0.085	0.039	0.033	0.150	-0.029	-0.135	0.005
顺坡窄垄垄沟覆盖残茬	S	0.598	0.387	1.874	2.416	1.319	0.534	0.591	1.501	2.866	1.373
	A	-0.011	0.089	0.017	-0.014	0.020	-0.039	0.099	-0.086	-0.032	-0.014

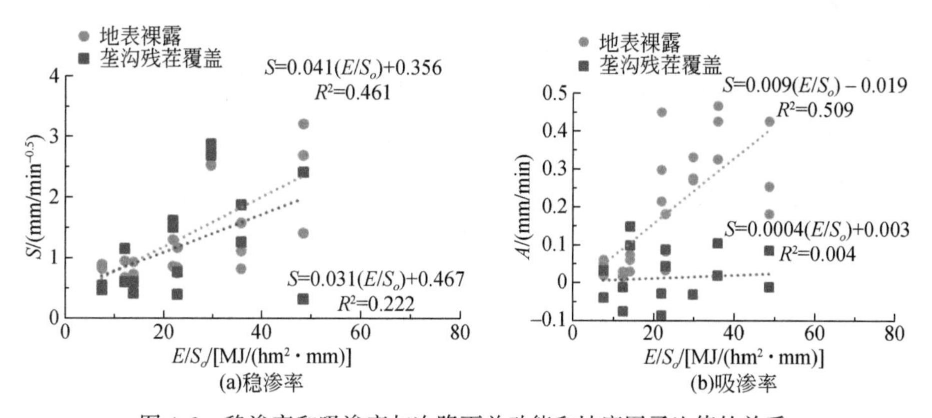

图 4.2 稳渗率和吸渗率与次降雨总动能和坡度因子比值的关系

4.1.2 Phillip 入渗方程坡面产流模拟效果

根据试验率定获得不同垄作条件下的东北黑土区坡耕地 Phillip 入渗方程参数取值，并据此模拟次降雨径流深，采用 Nash 效率系数（E_f）和平均相对误差（MRE）评价预测值和实测值的差异。结果表明，对于所有产流事件，Nash 效率系数和平均相对误差分别为 0.93% 和 5.4%，模拟效果良好（图 4.3）。对于无垄、顺坡宽垄、顺坡窄垄、顺坡宽垄垄沟覆盖残茬和顺坡窄垄垄沟覆盖残茬坡面 Nash 效率系数变化于 0.82～0.96，平均相对误差变化于 2.9%～7.8%，模拟效果均良好且差异不明显。

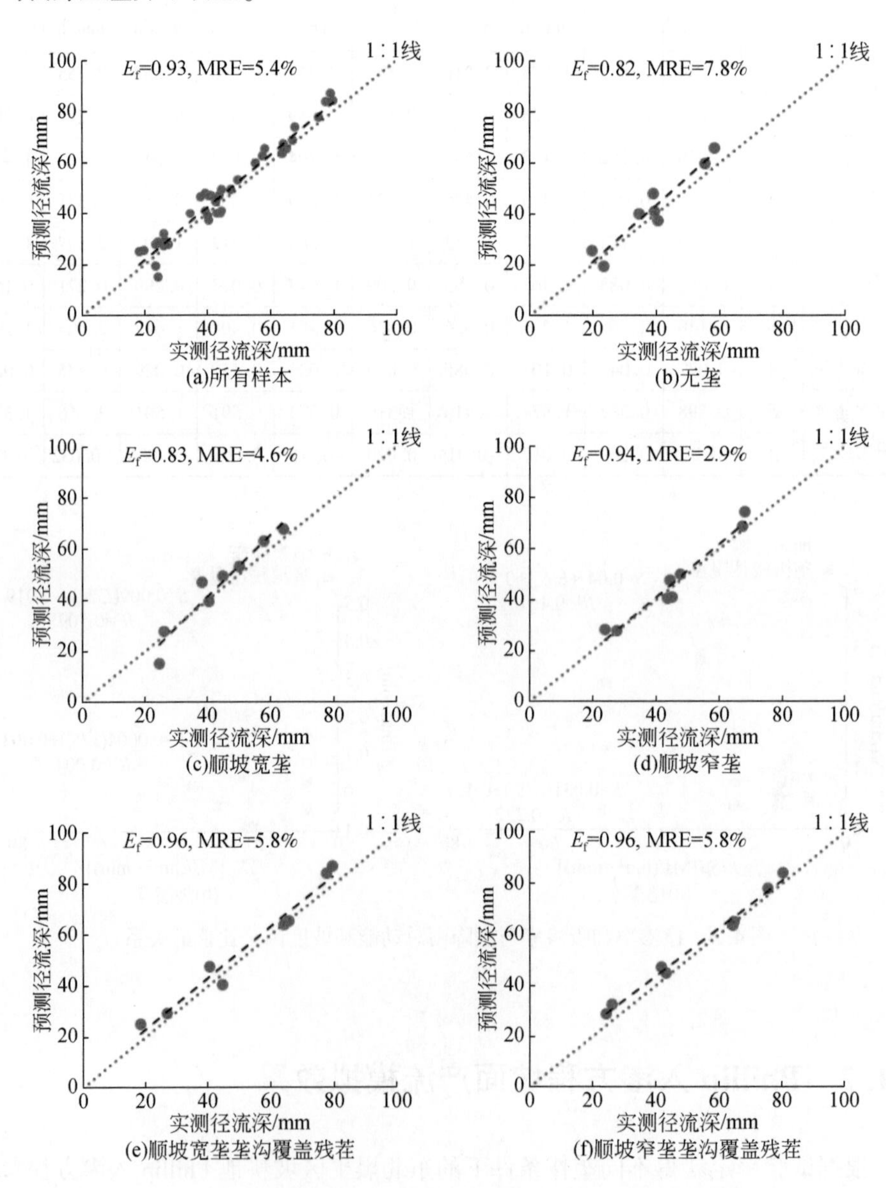

图 4.3　采用 Phillip 入渗方程的预测径流和实测径流比较

不同垄作方式下，Phillip 入渗方程模拟的平均相对误差均小于 8%，且较接近；Nash 效率系数表现为顺坡耕作垄沟覆盖残茬>顺坡耕作>无垄。雨滴打击、水滴击溅和径流冲刷作用下，裸地易产生细沟，随细沟数量及其长度、宽度增加，易形成汇流路径，但并不稳定，其水动力学特征随坡面侵蚀发展不断变化。顺坡垄沟可作为天然汇流路径，其基本形态不易因降雨冲刷发生较大形变，为坡面汇流提供了稳定路径。若垄沟底面和侧壁覆盖残茬，则汇流路径下垫面相对单一，入渗也较为稳定。

垄沟是顺坡垄作坡面的主要汇流路径。相同坡度的垄沟裸露时，垄沟内的径流深、沟底表层土壤板结程度都直接影响水分入渗速率，进而决定产汇流过程。首先，垄沟内的径流深随雨强增大而增加，并导致流速增加，致使垄沟内的侵蚀加剧（徐相忠等，2020）。当径流对沟底的冲刷力较大时，沟底难以形成稳定板结层，使水分得以在侵蚀过程中稳定持续入渗，增大入渗速率。当雨强相对较小时，径流对沟底的冲刷力较弱，沟底侵蚀过程中形成的板结层得以维持，水分下渗受阻，入渗速率减小。无垄坡面会在降雨过程中形成大小不一的积水洼地，其大小和深浅直接影响水分下渗。

4.2 基于改进 SCS-CN 模型的产流模拟

20 世纪 70 年代，美国农业部根据当地自然地理特征，研发了径流曲线数模型，成为目前基础资料较缺乏地区应用最广的地表产流统计预测方法之一，具有结构相对简单、数据要求较低、精度通常良好等优势（Li et al.，2015）。SCS-CN 模型有两个重要参数：①初损率（λ），包括产生地表径流前的地面填洼、截流和下渗；②径流曲线数（CN），综合表征不同土壤覆被组合条件下地表产流能力。

已有研究表明，径流曲线数（CN）是该模型中最敏感的参数，仅 10% 的变化就可导致 45% ~55% 的计算结果误差（Boughton，1989）。自 1972 年 SCS-CN 模型手册首次发布以来，学者们就坡度、土壤特性、土壤前期含水量等因素对 CN 的影响因子进行了大量研究，提出了利用坡度和土壤含水率计算径流曲线数（CN）的方程（Huang et al.，2006；Huang et al.，2007）。但上述研究始终侧重分析下垫面条件对径流曲线数（CN）的影响，未考虑降雨过程特征可能导致的产流变化，单纯采用降雨量反映降雨特征，可能是造成模拟误差的重要原因。为提升该模型在中国的应用精度，许多学者自 20 世纪 80 年代开始，结合中国自然地理特征，利用水土保持径流小区观测资料，对模型主要参数进行修订和优化（符素华等，2013；陈正维等，2014）。研究表明，即使相同土壤和覆被条件下，不同降雨产流事件的径流曲线数（CN）仍存在显著差异（El-Hames，2012），但目前尚无研究提出量化不同次产流事件之间径流曲线数差异的有效方法。同时，国内目前对于 SCS-CN 模型的应用多集中在黄土高原、长江中上游和华北地区，个别研究曾将该模型应用于辽西北地区（许秀泉等，2019），东北其他地区的应用研究鲜见报道。为提高 SCS-CN 模型在东北黑土区的应用精度，考虑降雨过程和地形特征对地表产流的影响，本书拟通过引入次降雨总动能（E）和坡度因子（S_o）计算次产流径流曲线数（CN_t）的方法，尝试对 SCS-CN 模型进行改进，提出东北黑土区垄作长缓坡降雨产流的模拟方法。

4.2.1 SCS-CN 产流模型参数改进方案

径流曲线数模型是在降雨产流过程的水量平衡公式基础上，对入渗和产流提出两个基本假定：①直接径流和潜在最大径流的比值与入渗量和潜在最大保持量的比值相等［式（4.3）］；②初损量与潜在最大保持量呈线性递增关系［式（4.4）］。

$$P=I_a+F+Q \tag{4.2}$$

$$Q/(P-I_a)=F/R \tag{4.3}$$

$$I_a=\lambda \cdot R \tag{4.4}$$

式中，P 为降雨量（mm）；I_a 为初损量（mm）；F 为实际保持量（mm）；Q 为地表径流量（mm）；λ 为初损率。依据式（4.2）~式（4.4），可得出 Q 算式：

$$Q=\frac{(P-\lambda \cdot R)^2}{P_1(1-\lambda)R},(P>\lambda \cdot R)$$

$$Q=0,(P\leqslant\lambda \cdot R) \tag{4.5}$$

潜在蓄水能力（R）采用多年平均径流曲线数（CN）计算：

$$R=25400/\mathrm{CN}-254,0\leqslant\mathrm{CN}\leqslant100 \tag{4.6}$$

实测获得降雨量（P）和地表径流量（Q）后，可利用上式分别反推出式（4.7）和式（4.8），用以计算径流曲线数（CN）。

$$R=\frac{2\lambda \cdot P+(1-\lambda)Q-\sqrt{4Q \cdot P \cdot \lambda^2+(1-\lambda)^2Q^2+4\lambda(1-\lambda)Q \cdot P}}{2\lambda^2} \tag{4.7}$$

$$\mathrm{CN}=25400/(254+R) \tag{4.8}$$

研究表明，降雨侵蚀过程中地表下垫面的变化可对产汇流过程产生显著影响（Muzylo et al., 2009; Morbidelli et al., 2018）。研究通过次降雨总动能（E）和坡度因子（S_o）反映次降雨过程中降雨特征和地表坡度对于坡面产流的影响，用两者比值（E/S_o）进行量化。根据已有研究成果（Shi et al., 2009; Fu et al., 2011），结合 SCS-CN 模型对于初损率取值的要求，最终将 λ 取值确定为 0.20。根据降雨和产流实测资料，采用上述公式计算多年平均径流曲线数（CN）。同时，分析（E/S_o）与次产流径流曲线数 CN_t 与 CN 比值（CN_t/CN）之间的定量关系（式 4.9），进而提出利用降雨在时间上的集中程度计算 CN_t 的函数方程：

$$(CN_t/CN)=f(E/S_o) \tag{4.9}$$

式中，E 为次降雨总动能（MJ/hm^2）；S_o 为坡度因子，无量纲。

降雨能量大小与雨滴大小和雨滴终点速度的平方成正比。降雨动能难以直接测量，主要通过观测雨滴大小分布和雨滴终点速度计算获得。通过雨滴终点速度数据，以及雨滴大小和雨强的关系，学者们提出了单位面积降雨动能计算公式（Laws and Parsons, 1943; Wischemeier and Smith, 1958; Wischemeier 和 Smith, 1958），进而提出单位降雨动能的计算方法：

$$e_r=0.29[1-0.72\exp(-0.05i_m)] \tag{4.10}$$

次降雨总动能是将各时段单位降雨动能与该时段雨量的乘积进行累加：

$$E=(e_r \cdot P_r) \tag{4.11}$$

式中，e_r为每一时段的单位降雨动能（MJ/hm^2）；i_m为每一时段的雨强（mm/h）；P_r为对应的时段雨量（mm）。坡度因子 S_o 的计算方法见公式（2.8）。

4.2.2 SCS-CN 产流模型改进参数率定

利用野外坡面径流小区和室内人工模拟降雨实验的产流过程资料，分别拟合不同地貌类型、土地利用类型和垄作方式下，次降雨产流过程中（CN_t/CN）与（E/S_o）间的函数关系。野外降雨产流过程观测资料来自东北漫川漫岗区的黑龙江嫩江鹤北小流域和低山丘陵区的吉林东辽杏木小流域，共 19 个径流小区、366 场次降雨产流。室内人工模拟降雨实验选择东北地区常见的坡度为 3°、5°的顺坡宽垄、顺坡窄垄、横坡宽垄、横坡窄垄及顺坡宽垄垄沟覆盖残茬和顺坡窄垄垄沟覆盖残茬坡面，以无垄坡面为对照，开展 4 种典型雨强（30mm/h、50mm/h、75mm/h 和 100mm/h）的室内人工降雨对比试验（图 4.4），共 112 场次降雨产流。

图 4.4　室内人工降雨对比试验

模型改进采用的天然降雨和人工模拟降雨的降雨过程特征见表 4.2。径流小区天然降雨次降雨量变化于 5.2 ~ 136.9mm，平均为 24.6mm；最大 30 分钟雨强变化于 3.0 ~ 66.4mm/h，平均为 16.6mm/h；次降雨动能变化于 0.39 ~ 24.0MJ/hm^2，平均为 4.5MJ/hm^2；人工模拟降雨次降雨量变化于 30 ~ 100mm，平均为 63.8mm；最大 30 分钟雨强变化于 30 ~ 100mm/h，平均为 63.8mm/h；次降雨动能变化于 7.3 ~ 28.9MJ/hm^2，平均为 17.8MJ/hm^2。由于东北黑土区的现有径流小区观测资料年限多为 5 ~ 10 年，很少超过 10 年，其主要反映重现期 5 ~ 10 年内的降雨情形，这也正是多数水土保持工程措施设计参考的降雨状况。人工模拟降雨反映了高强降雨条件下的降雨过程特征，其重现期在 5 年以上。

表 4.2　野外坡面径流小区和室内人工模拟降雨实验对应的降雨过程特征

地点	次降雨量/mm		最大 30 分钟雨强/（mm/h）		次降雨动能/（MJ/hm^2）	
	变化范围	平均值	变化范围	平均值	变化范围	平均值
鹤北小流域	5.2～82.0	23.6	3.5～36.4	15.1	0.66～14.2	4.1
杏木小流域	7.0～136.9	25.6	3.0～66.4	18.1	0.39～24.0	4.9
模拟降雨	30～100	63.8	30～100	63.8	7.3～28.9	17.8

分别拟合所有小区的（CN_t/CN）与（E/S_o）关系方程。结果表明，（CN_t/CN）与（E/S_o）间呈极显著幂函数递增关系，进而计算次产流径流曲线数 CN_t，最终提出改进的次降雨径流曲线数（revised soil conservation service-curve number，RSCS-CN）算法，具体形式如下：

$$CN_t = a \cdot CN \cdot \ln(E/S_o) + b \cdot CN, CN_t \leq 100 \tag{4.12}$$

式中，CN_t为次降雨径流曲线数；E 为次降雨总动能（MJ/hm^2）；S_o 为坡度因子，无量纲；CN 为不同地表覆盖条件的多年平均径流曲线数；a、b 为统计参数。不同土地利用和垄作方式下各参数取值见表 4.3。

表 4.3　面向垄作长缓坡次降雨产流计算的改进径流曲线数模型参数取值表

地貌类型	土地利用	垄作方式	坡度/(°)	拟合方程决定系数	参数取值		
					CN	a	b
漫川漫岗（鹤北）	耕地	顺垄种植	1.3	0.348	84.47	1.310	-0.110
		顺垄种植（秋起垄）	5	0.738	84.86	1.172	-0.152
		顺垄种植（春起垄）	5	0.436	82.65	1.120	-0.073
		免耕种植	5	0.803	74.63	1.336	-0.215
	裸地	植被盖度<5%	5	0.508	83.62	1.226	-0.155
			8	0.524	83.61	1.123	-0.158
低山丘陵（杏木）	耕地	横垄种植	8、10	0.826	80.22	1.032	-0.101
		横垄种植（野生草带）	8	0.835	78.52	1.065	-0.106
		横垄种植（灌木带）	8	0.876	78.36	1.059	-0.099
		顺垄种植	3、5	0.850	80.21	1.231	-0.146
		顺垄种植（野生草带）	3、5	0.873	80.35	1.183	-0.122
		顺垄种植（苜蓿草带）	3、5	0.777	78.44	1.220	-0.129
	裸地	植被盖度<5%	10	0.770	84.78	0.998	-0.105

续表

地貌类型	土地利用	垄作方式	坡度/(°)	拟合方程决定系数	参数取值		
					CN	a	b
人工模拟降雨坡面	耕地（休闲）	顺坡宽垄种植	3、5	0.840	92.11	1.332	-0.095
		顺坡窄垄种植	3、5	0.723	93.17	1.276	-0.081
		横坡宽垄种植	3、5	0.387	85.56	1.159	-0.049
		横坡窄垄种植	3、5	0.660	82.56	1.388	-0.095
		顺坡宽垄垄沟覆盖残茬	3、5	0.531	95.74	1.096	-0.030
		顺坡窄垄垄沟覆盖残茬	3、5	0.672	95.95	1.117	-0.037
	裸地	无植被覆盖	3、5	0.780	90.10	1.366	-0.104

次降雨动能不仅能体现雨量和雨强的共同作用对于地表产流总量和速率的影响，也可量化降雨对于地表物质的击溅、分离和冲刷能力。次降雨动能影响坡面水蚀过程的重要营力，坡度可直接影响水蚀营力对下垫面的侵蚀作用效果。侵蚀过程可使地表出现细沟甚至浅沟，进而形成较稳定的汇流路径。因此整体而言，（E/S_o）是量化降雨过程特征和地表起伏程度对于产汇流共同影响作用的因子，可用于地表产流模拟。

4.2.3 SCS-CN 产流模型改进效果

研究采用 Nash 效率系数（E_f）（Nash and Sutcliffe，1970）和平均相对误差（mean relative error，MRE）分析径流深预测值与实测值导的差异，评价改进的径流曲线数模型模拟效果。其中，E_f和 MRE 计算方法为：

$$E_f = 1 - \frac{\sum_{i=1}^{n}(Q_{ob} - Q_{cal})^2}{\sum_{i=1}^{n}(Q_{ob} - Q_{oba})^2} \tag{4.13}$$

$$MRE = \frac{\sum_{i=1}^{n}(Q_{cal} - Q_{ob})}{\sum_{i=1}^{n} Q_{ob}} \tag{4.14}$$

式中，Q_{ob}为实测径流深（mm）；Q_{cal}为预测径流深（mm）；Q_{oba}为所有实测径流深的平均值（mm）；n 为总产流次数。

与 SCS-CN 模型相比，修正模型预测效果明显提升，Nash 效率系数和平均相对误差分别由改进前的 0.54% 和 20.0%，改善至 0.88% 和-8.6%（图 4.5）。可见在典型黑土区，若不考虑局地强对流、锋面活动等条件下降雨过程对地表产流影响，仅对径流曲线数单一取值，可能造成显著的径流预报误差。在采取顺坡种植、横坡种植、顺坡种植配置植物带、横坡种植配置植物带、顺坡种植垄沟覆盖残茬和无垄等 6 种不同耕作措施的坡耕地，该修正模型均取得良好的预测效果，其 Nash 效率系数在 0.81 ~0.97，平均相对误差在-29.2% ~11.4%（图 4.6）。顺坡种植配置植物带和横坡种植配置植物带坡面因不同小区配置的植物种类和地表覆盖存在差异，在同一降雨过程下产汇流过程可能出现明显差异，使预测结果的相对误差增加。

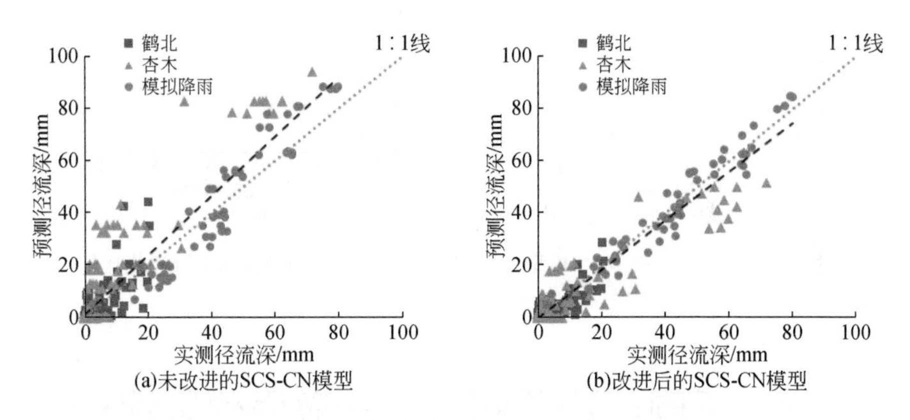

图 4.5　改进前后 SCS-CN 模型预测径流和实测径流比较

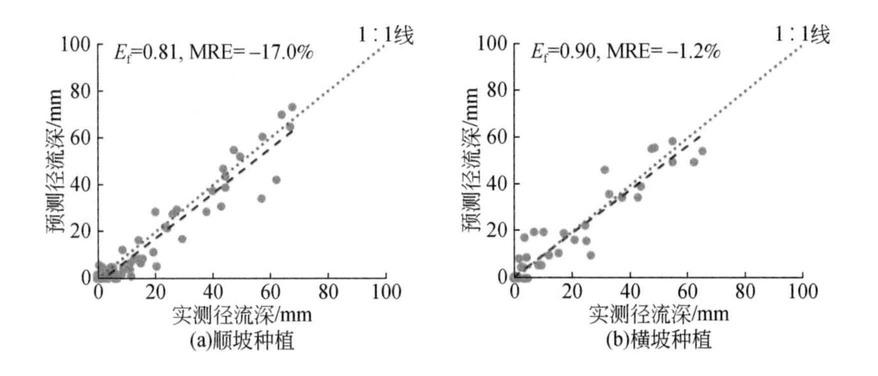

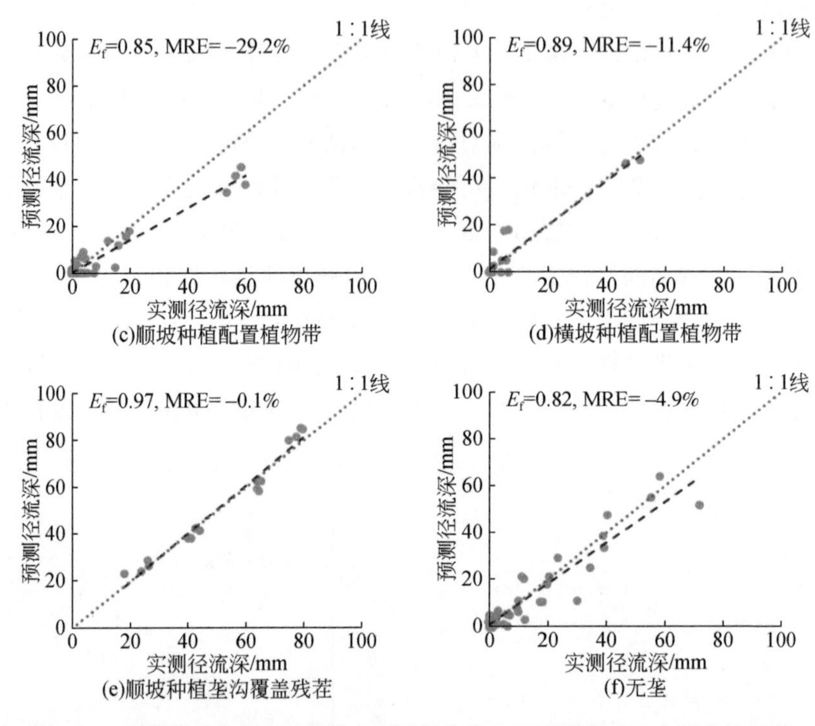

图 4.6　改进前后 SCS-CN 模型在不同耕作措施下预测径流和实测径流比较

4.3　不同产流预测方法的应用效果评价

经应用检验，将上述两种方法的径流深模拟值与实测值进行比较。采用改进的径流曲线数方程和 Phillip 入渗方程计算坡面产流的 Nash 效率系数均达到 0.93，相对误差分别为-8.6%和5.4%（图4.7）。采用优化的径流曲线数方程和 Phillip 入渗方程均有良好的模拟效果，Phillip 入渗方程模拟效果略佳。考虑到 Phillip 入渗方程的两个参数——吸渗率和稳渗率不仅因土壤类型、土地利用类型和垄作方式不同而变化，亦受降雨总动能和坡度因子影响，其数值不稳定，为应用带来困难；而改进的径流曲线数方程仅需针对不同的土壤类型、土地利用类型和垄作方式进行参数赋值。因此，为应用方便并考虑下垫面垄作方式和地表覆盖状况变化，建议采用优化的径流曲线数方程模拟极端降雨条件下坡面径流。

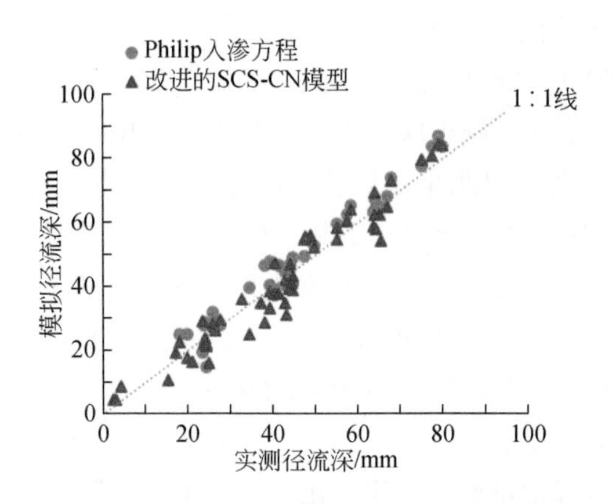

图 4.7 不同方法的预测径流和实测径流比较

改进的 SCS-CN 产流模型根据试验前 5 天降雨量将土壤前期湿度条件（antecedent soil moisture condition，AMC）划分为 3 个等级（表 4.4）：AMC Ⅰ为干旱情况，AMC Ⅱ为一般情况，AMC Ⅲ为湿润情况，其划分界限对应土壤凋萎湿度和田间持水量。其中，AMC Ⅰ对应的土壤湿度接近、达到或低于凋萎湿度，AMC Ⅲ对应的土壤湿度接近或达到田间持水量，AMC Ⅱ则介于两者之间。AMC Ⅰ、AMC Ⅱ和 AMC Ⅲ对应的 CN 值分别为 CN_1、CN_2 和 CN_3。径流小区观测降雨产流的前期湿度条件以干旱居多，为使结果更具有实用性，研究采用干旱条件下的径流曲线数值即 CN_1 作为天然降雨条件下径流预报参数。人工降雨实验土壤前期湿度接近饱和，其对应的 CN 值为 CN_3。

表 4.4 土壤前期湿度条件分类

AMC	前 5 天降雨总量	
	休闲期	生长期
Ⅰ	<12.7	<35.6
Ⅱ	12.7～27.9	35.6～53.3
Ⅲ	>27.9	>53.3

4.4 本章小结

1）为了解降雨过程中降雨特征和地表坡度对于坡面产流的影响，用次降雨总动能和坡度因子两者比值 E/S_o 进行量化。分析 E/S_o 与次产流径流曲线数 CN_t 与 CN 比值（CN_t/CN）之间的定量关系，提出利用降雨在时间上的集中程度计算 CN_t 的函数方程，建立了修正次降雨径流曲线数（RSCS-CN）算法。利用东北漫川漫岗区的黑龙江嫩江鹤北小流域、低山丘陵区的吉林东辽杏木小流域共 19 个径流小区、366 场次降雨产流过程资料，以及室内人工模拟降雨实验共 112 场次降雨产流过程资料，率定给出了不同耕作方式下的模型参数，经应用检验，改进模型较传统模型预测效果明显提升，Nash 效率系数和平均相对误差分别由改进前的 0.54 和 20.0%，改善至 0.88 和-8.6%。

2）采用 Phillip 入渗方程模拟入渗，并通过水量平衡计算产流的解决方案，并采用室内人工模拟降雨试验，率定给出了顺坡宽垄、顺坡窄垄、顺坡宽垄垄沟覆盖残茬、顺坡窄垄垄沟覆盖残茬和无垄坡面的吸渗率和稳渗率参数取值。经应用检验，Nash 效率系数和平均相对误差分别为 0.93 和 5.4%，模拟效果良好。地表裸露时，不同雨强和坡度组合条件下，参数 S 和 A 变化幅度较大，均与次降雨总动能和坡度因子比值（E/S_o）呈幂函数递增关系；在顺坡垄作垄沟覆盖残茬时，S 和 A 与 E/S_o 之间的幂函数关系不显著。地表覆盖状况变化可使产流入渗过程变化更为复杂。

3）采用优化的径流曲线数方程和 Phillip 入渗方程进行产流预测，均有良好的预测效果，Phillip 入渗方程模拟效果略佳。考虑到 Phillip 入渗方程的两个参数——吸渗率和稳渗率不仅因土壤类型、土地利用类型和垄作方式不同而变化，亦受降雨总动能和坡度因子影响，其数值不稳定，为应用带来困难；而改进的径流曲线数方程仅需针对不同的土壤类型、土地利用类型和垄作方式进行参数赋值。因此，为应用方便并考虑下垫面垄作方式和地表覆盖状况变化，建议采用优化的径流曲线数方程模拟极端降雨条件下坡面径流。

5　垄作坡面高精数字地形获取与小流域产沙模拟

常规地形数据无法有效反映东北黑土区长缓地形特点和人为垄作影响，难以在模拟评价中充分考虑垄作长缓坡耕地汇流-侵蚀过程的特殊性。为此，本章将聚焦东北黑土区垄作长缓坡的沟垄地形及其对水文路径和侵蚀产沙的影响，综合无人机航测解译、GIS 空间分析和 WEPP 模型模拟等方法，确定该区无人机地形勘察适宜时间范围、对比无人机可见光摄影测量与激光雷达扫描获取垄作长缓坡高精度地形数据的差异，开发利用自然地形和规划沟垄叠加生成反映沟垄变化的数字地形分析工具，基于 Geo-WEPP 模型开展垄作长缓坡耕地小流域侵蚀产沙模拟。上述成果，可为高效、准确获取垄作长缓坡地形与地表信息，为有针对性开展土壤侵蚀过程模拟及防控措施优化布局提供方法支撑。

5.1　垄作坡面高精度地形快速获取方法

常规方式获取的万分之一等地形数据难以真实反映垄作长缓坡汇流路径，成为开展水沙模拟进而指导水土保持措施布局的一个重要瓶颈。为此，针对东北黑土区气候与土地利用类型年内变化特点，课题组分析确定了利用无人机开展地形勘察的准确适宜期。在此基础上，选择位于黑龙江省嫩江市的鹤北 2 号和 8 号小流域，采用无人机可见光与激光雷达开展地形测量，探索垄作长缓坡高精度地形数据快速获取方法。

5.1.1　东北黑土区无人机地形勘察适宜期确定

为反映东北黑土区从北到南的气候梯度状况，从北向南依次选取大兴安岭地区的漠河站、齐齐哈尔市的三家子气象站和最南端的大连市周水子站（图 5.1），并在这 3 个气象站附近各选择一块哨兵二号影像数据，用以解译分析地表覆被状况。选取代表气象站点 1988 ~ 2017 年的气候数据及 2020 年全年植被覆盖度和雪盖数据，进行气象和地表覆盖分析。以常见的大疆无人机运行参数（最大可承受风速 8m/s；工作环境温度 0～40℃）作为气候数据筛选条件。

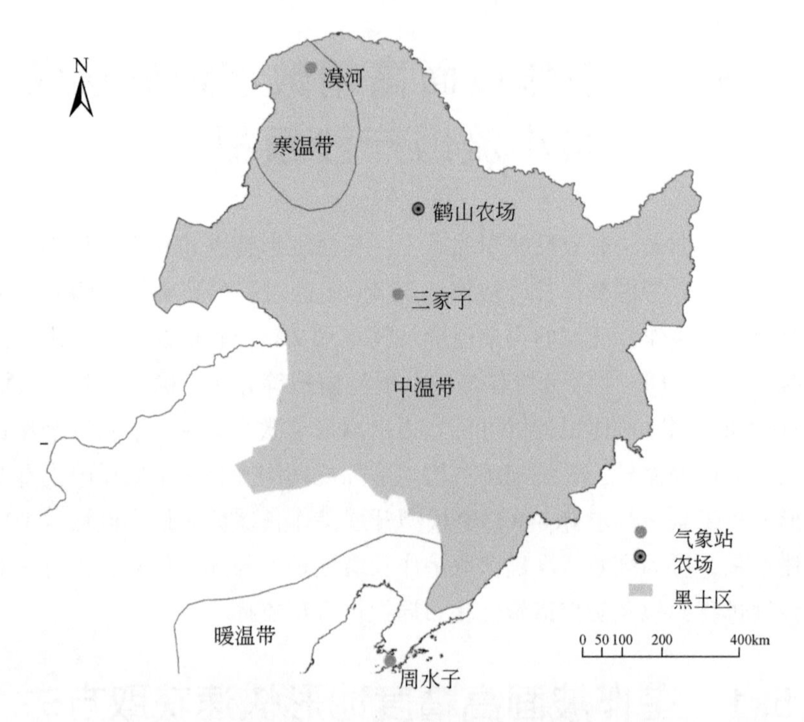

图 5.1　东北黑土区与代表气象站地理位置示意图

按照温度垂直递减率，计算无人机飞行至 500m 时的环境温度。3 个站点的气温均呈现凸曲线变化趋势，风速在一年中波动变化明显，呈现双峰趋势（图 5.2）。根据无人机飞行器要求，寒温带满足飞行条件的时间范围为 6 月 29 日～9 月 5 日；中温带满足飞行条件的时间范围为 4 月 3 日～10 月 23 日；暖温带满足飞行时间范围为 3 月 10 日～11 月 25 日。受可利用数据的限制，仅分析了日平均风速，但在实际飞行作业中瞬间最大风速可能更影响无人机的外业工作。

由于丰水年和平水年情况不同，且降水量日均值并不具有显著代表性，故取其 30 年间同一天降水次数占 30 年的比例作为日降雨概率，估算遭遇降雨天气概率（图 5.3）。如图 5.3 所示，降水概率均呈明显凸型变化，降水概率较大的时段多处在夏季，但概率超过 0.5 的时间不多。降水概率变化不能作为估测某天降雨可能性的切实依据，具体选择应参照气温和风速因素综合考量，尽可能选在降雨概率小的时间进行无人机外业调查。

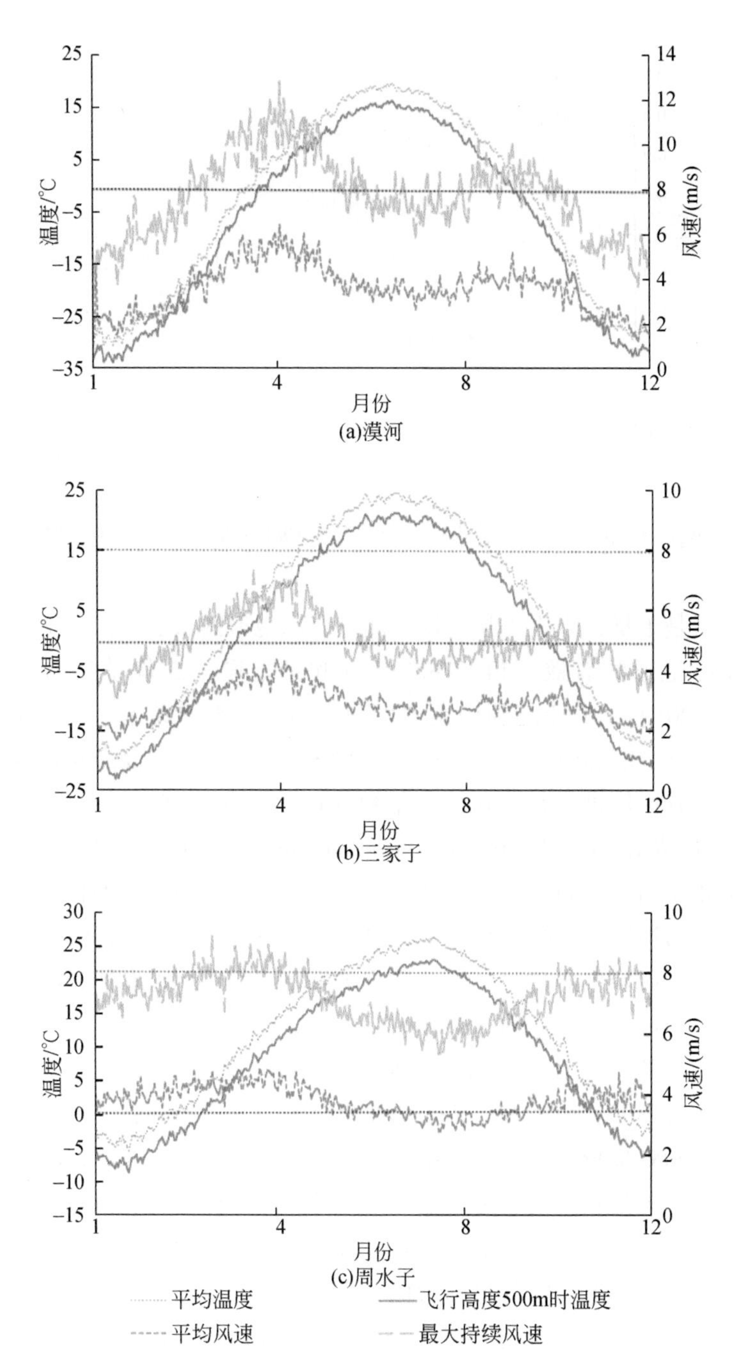

图 5.2　漠河、三家子和周水子气象站 1988 ~ 2017 年日平均温度和风速图

注：图中红虚线表示温度恒为 0℃；蓝虚线表示风速恒为 8m/s

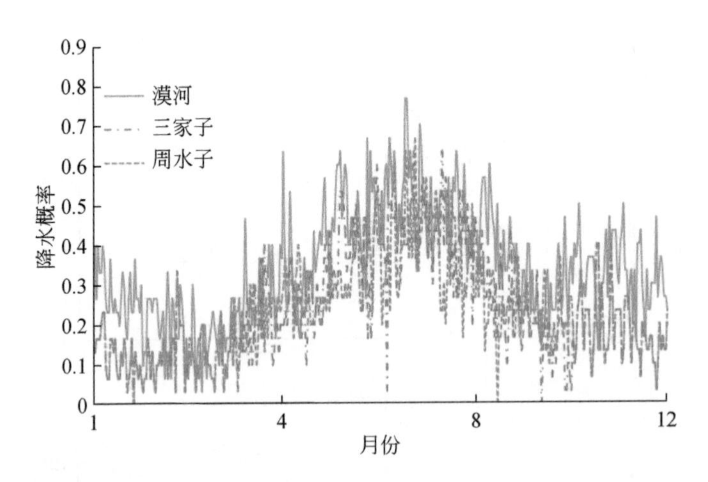

图 5.3　漠河、三家子和周水子气象站 1988 ~ 2017 年日降雨概率

植被覆盖是干扰无人机可见光摄影测量获取地形的重要因素。为分析适宜无人机获取实际地形的有效窗口，在 3 个气候带选取了 3 块哨兵二号影像数据（Yang et al., 2019），其土地利用类型均为农地。在漠河地区、三家子地区和周水子地区，分别获取 2020 年的 17 幅、51 幅和 12 幅无云、高质量的哨兵二号卫星影像。对所有影像进行归一化植被指数（normalized difference vegetation index, NDVI）、植被覆盖度（fractional vegetation cover, FVC）、归一化雪盖指数（normalized difference snow index, NDSI）计算。从植被覆盖度时间序列来看，三类温度带中的植被覆盖年际间总体呈“几”字形变化曲线，总体表现为先增加、后趋于稳定、最后降低的趋势，均在夏季 7 ~ 8 月达到最大（图 5.4）。根据林草植被覆盖度划分标准，裸地的植被覆盖度为 0.1 以下，中覆盖度为 0.6 以下。植被覆盖度参照相关研究（林鑫等，2020），以中覆盖度（FVC<60%）作为筛选条件。综合地表积雪和植被覆盖两个影像因素来看，春季和秋季共有 2 个时间窗口适宜无人机 SfM 地形勘测。根据中覆盖度条件进行筛选，并综合考虑 NDSI 的变化，在 3 月至 4 月底前及 9 月底至 11 月前均可进行无人机飞行。

综合考虑温度、风速、降水、植被覆盖度和积雪覆被条件，最终确定的东北黑土区进行无人机地形勘察的最适合时间范围为：寒温带为 4 月中旬至 5 月初；中温带为 4 月中旬至 5 月中旬；暖温带为 3 月中旬至 4 月底、9 月底至 11 月初（表 5.1）。

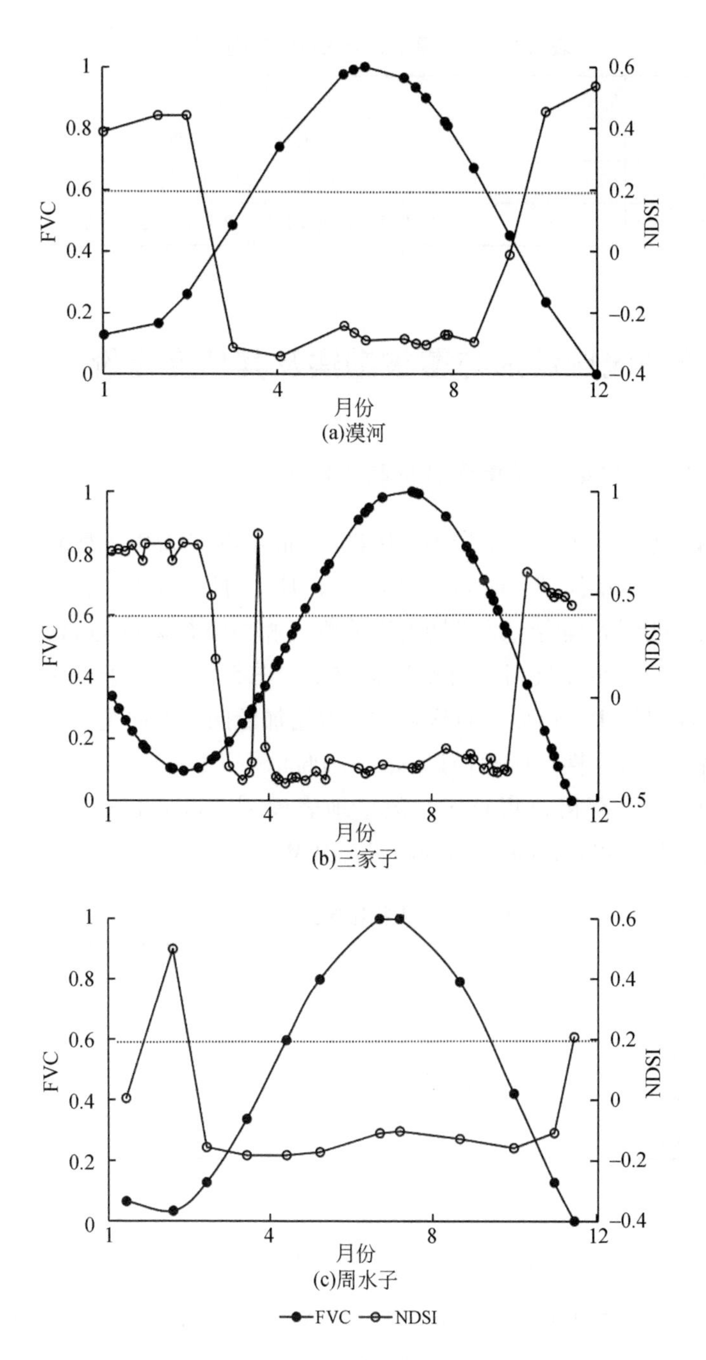

图 5.4　漠河、三家子和周水子气象站附近 FVC（黑线）和 NDSI（橘色线）时间分布

表 5.1 东北黑土区无人机地形勘察最适期

区域	适宜期
寒温带	4 月中旬至 5 月初
中温带	4 月中旬至 5 月中旬
暖温带	3 月中旬至 4 月底、9 月底至 11 月初

5.1.2 典型流域地形与覆被勘察及其精度评价

5.1.2.1 数字摄影测量数据获取及处理

摄影测量采用的无人机型号为 DJI Phantom 4 Pro V2.0（表 5.2），飞行区域为嫩江县鹤北 2 号小流域，时间为 2019 年 5 月 23 日 ~31 日，此期间处于适宜期范围，经试飞测试后确定了适宜期的准确性。相对飞行高度为 200m 左右，获得的影像最低点地面照片最高分辨率达 0.05m（图 5.5）。由于坡耕地中明显突出的地物数量相对较少，所以飞行作业时采取增加航向、旁向重叠度的方式以保证后期获取数据的可靠性。后期借助 Agisoft PhotoScan Pro V1.2.5 软件对无人机图像进行处理，最终获得密集点云、数字地表模型（digital surface model，DSM）和数字高程模型（digital elevation model，DEM）。

表 5.2 无人机影像主要技术参数

类型	数值	类型	数值
影像数量	1109	航片面积	6.21km^2
航线数	11 条	飞行高度	200m
航向重叠率	75%	DOM 分辨率	0.10m
旁向重叠率	70%	DEM 分辨率	0.21m

5.1.2.2 机载激光雷达数据获取及处理

采用型号为 SZT-R250 的激光雷达（表 5.3），以 DJI M600 Pro 六旋翼无人机作为飞行平台，搭配激光雷达传感器获取航拍资料，并在地面配备地面站、差分 GPS 系统和 GPS 基站系统。激光雷达获取时间与无人机航测时间相同，飞行高度 100m 左右，飞行速度 8m/s，扫描角度 90° ~ 270°，行间距 75m，扫描频率

100kHz，平均点云密度500/m²（图5.6）。此外，航拍前架设地面GPS基站，以避免差分GPS误差对DEM的影响。后续内业中采用TerraSolid软件处理解算激光雷达点云数据并生成DEM，作为无人机摄影测量后期处理所得数据的精度验证标准。

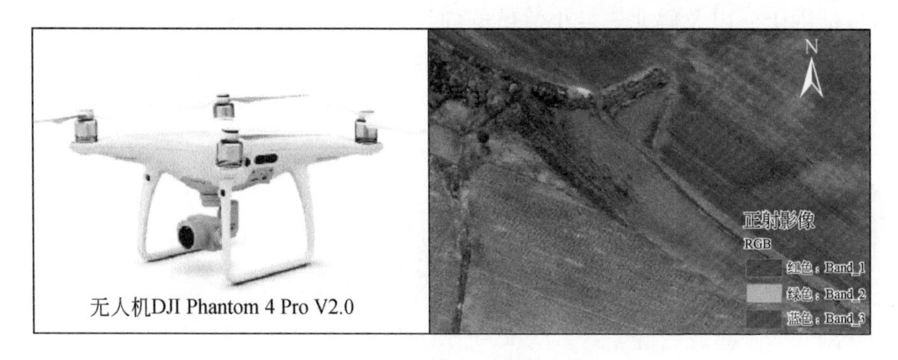

图5.5　无人机航测系统和获取的影像数据

表5.3　激光雷达主要技术参数

类型	数值	类型	数值
水平视野	360°	飞行高度	100m
扫描角度	90°～270°	飞行速度	8m/s
绝对精度	0.1cm	平均点云密度	500/m²
扫描频率	100kHz	—	—

图5.6　机载激光雷达设备系统和部分激光点云数据

5.1.2.3 地形特征数据提取与精度评价

利用 ArcGIS 软件对无人机摄影测量获得的 DEM 进行沟垄几何特征量算，并与野外实际测量结果对比（图 5.7、图 5.8），主要包括沟垄长、宽、相对高差等几何特征因子，以及鹤北 2 号小流域的周长与面积。结果显示，鹤北 2 号小流域相对高差 65m，总面积 5.28km²，该流域周长 10.78km，沟垄平均垄宽 1.07m、垄高 0.13m、垄长 1820m（表 5.4）。

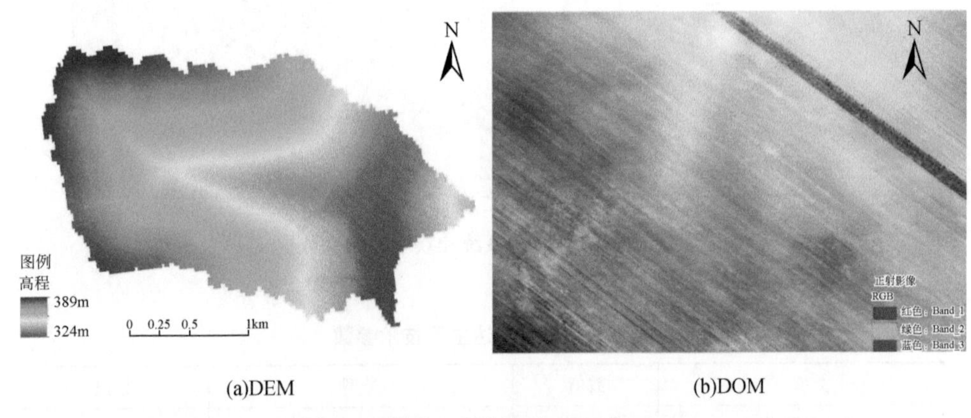

(a)DEM (b)DOM

图 5.7 鹤北 2 号小流域 DEM 与 DOM

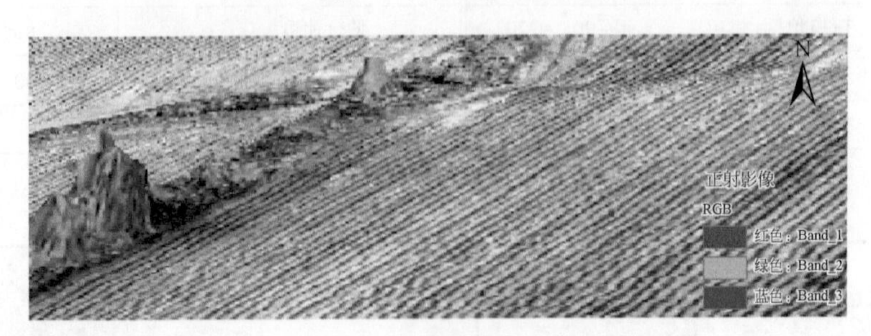

图 5.8 鹤北 2 号小流域部分三维实景模型

表 5.4 鹤北小流域几何特征参数统计

相对高差/m	最长边/m	最宽边/m	垄长/m	垄宽/m	垄高/m	周长/km	面积/km²
65	3707	1962	1820	1.07	0.13	10.78	5.28

除提取沟垄几何特征外，还计算其坡度、坡向、起伏度等地形特征参数，以进一步了解沟垄特征。考虑到数据获取难易程度以及水土流失分析的比例尺需求

等，选取分辨率 12.5m 的 ALOS-DEM 数据与无人机获取的 DEM 进行对比。

坡度是影响土壤侵蚀发生的重要地形因素。分析结果显示，鹤北 2 号小流域坡度介于 0～15°，平均值为 10.8°，其中 7°以下占小流域总面积的 11.6%，有极小的占比为 40°～82°的坡度，但分布集中，应该是人工排水沟。相比而言，高分辨率较低分辨率的 DEM 能更好地描述研究区地形结构特征及其空间分布特征（图 5.9 和图 5.10）。研究区总体地势较为平坦、地表坡度较小，为典型的东北黑土区长缓垄作坡地。

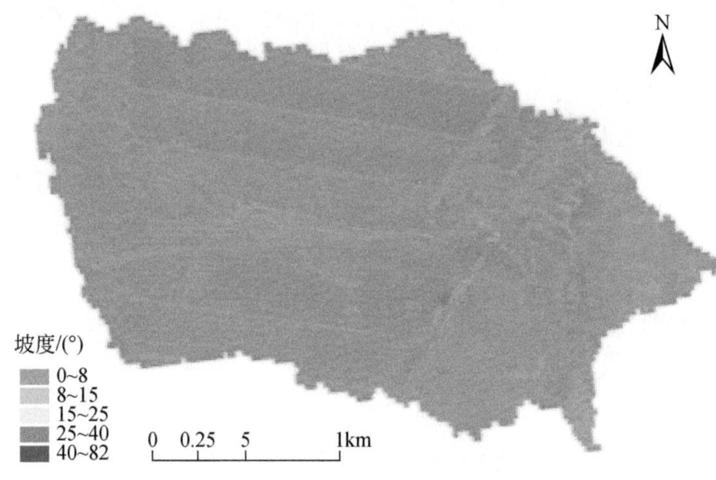

图 5.9　鹤北 2 号小流域坡度分布图（0.5m 分辨率）

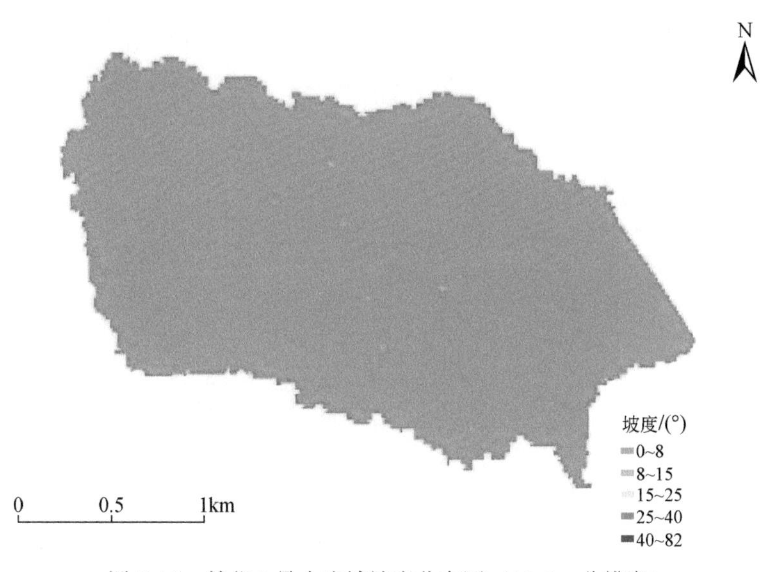

图 5.10　鹤北 2 号小流域坡度分布图（12.5m 分辨率）

坡向对于垄作长缓坡的作物生长有重要影响，高分辨率 DEM 较 12.5m 分辨率 DEM 而言，可清晰展示坡向分布，表现为主要集中于 NE—E—SE—S—SW 方位，其中 S—SW 方位最多，实地调查发现这些坡向的坡地主要种植大豆、玉米；SW—W—NW—N—NE 分布相对较少，以种植青储饲料为主；东部有少量 SW—W—NW 坡向，间作玉米和大豆（图 5.11 和图 5.12）。

图 5.11　鹤北 2 号小流域坡向分布图（0.5m 分辨率）

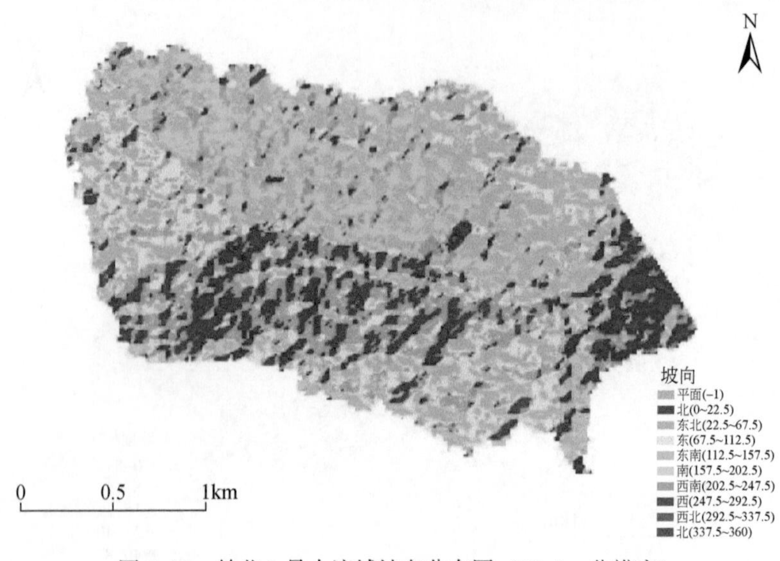

图 5.12　鹤北 2 号小流域坡向分布图（12.5m 分辨率）

选取 3m×3m 窗口分析鹤北 2 号小流域地势起伏度，结果表明：地势起伏度较大的区域主要分布于沟垄耕地边缘的人工排水沟附近。0.5m 分辨率 DEM 得到平均起伏度最小为 0m、最大为 3.5m，平均为 0.68m，主要介于 0 ~ 2.5m，其中 0.4 ~ 0.8m 起伏度变化占绝对主体，较 12.5m 分辨率的 DEM 更为精确（图 5.13 和图 5.14）。12.5m 分辨率 DEM 不能很好地刻画东北垄作长缓坡的地形起伏变化。

图 5.13　2 号小流域地势起伏度分布图（0.5m 分辨率）

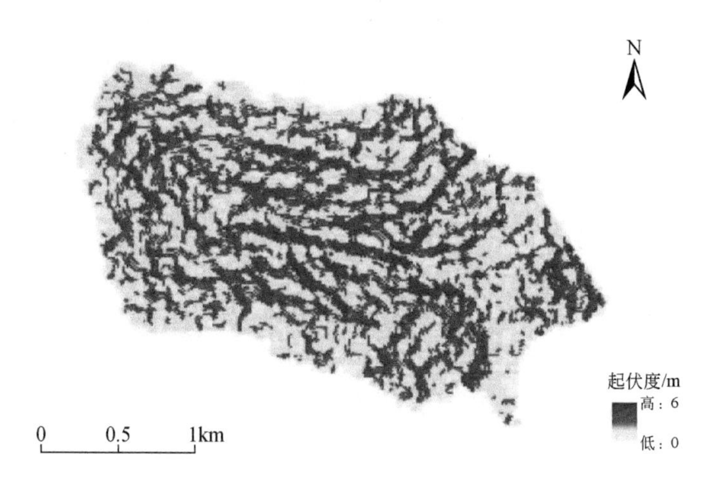

图 5.14　2 号小流域地势起伏度分布图（12.5m 分辨率）

5.1.2.4 土地利用类型提取与高程分析

结合实地勘测数据，借助 ArcGIS 软件对机载激光雷达数据处理所得的 DEM 数据进行目视解译，获得鹤北 2 号小流域土地利用分布情况，并随机选取 200 个校验点与实地勘察结果对比验证，结果显示分类准确度达 82%。研究流域共 9 种土地利用类型，分别为建设用地、道路、玉米地、大豆地、青储地、灌木林、草地、裸地及林带，大豆地为面积最大的土地利用类型，青储地、草地次之，裸地最少（表 5.5，图 5.15）。

表 5.5 鹤北 2 号小流域土地利用分类结果统计表

序号	土地利用类型	斑块数/个	面积/m^2	斑块比例/%	面积比例/%
1	草地	9	693 476	14.52	13.08
2	大豆地	15	2 454 081	24.19	46.29
3	道路	5	73 340	8.065	1.38
4	灌木林	4	125 557	6.45	2.37
5	建设用地	3	199 221	4.84	3.76
6	林带	13	345 092	20.97	6.51
7	裸地	1	30 707	1.61	0.58
8	青储地	5	897 193	8.065	16.92
9	玉米地	7	483 254	11.29	9.11

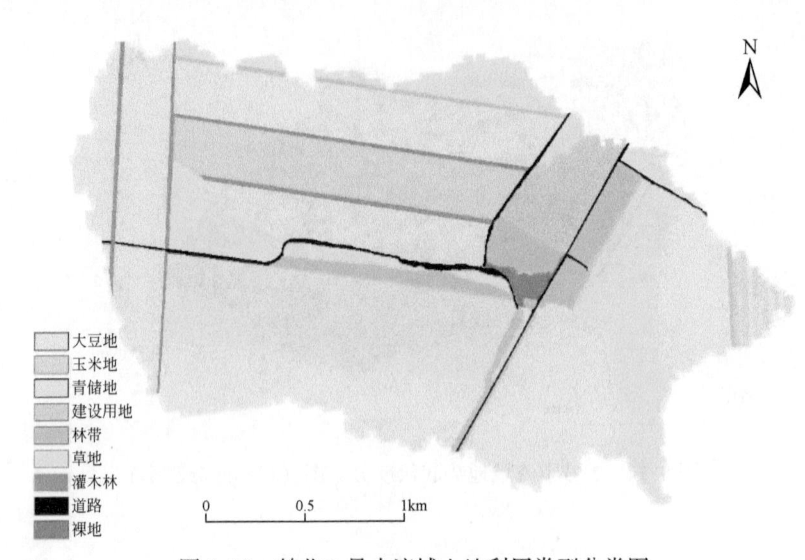

图 5.15 鹤北 2 号小流域土地利用类型分类图

分类错误的点主要出现在大豆农田，主要由于大面积大豆农田的航拍相片中土壤成像效果与草地类似，容易将草地与大豆农田混淆。

研究区在2019年5月的不同土地利用类型栅格数量、面积、高程极值、变化范围、平均值的统计结果表明，各土地利用类型的平均高程相差不大，灌木林地平均高程最高，达367.6m；裸地平均高程最低，为336.8m，面积最小，高程变化仅为4m（表5.6）。

表5.6　研究区不同土地利用类型高程统计表

序号	分类	栅格数量/个	面积/m^2	高程最低值/m	高程最高值/m	高程变化范围/m	高程平均值/m
1	大豆地	15 810 747	2 454 081	327	388	61	357.27
2	玉米地	3 113 803	483 254	342	376	34	359.00
3	青储地	5 780 816	897 193	338	388	50	362.91
4	建设用地	1 281 471	199 221	330	354	24	342.37
5	林带	2 186 813	345 092	331	387	56	359.01
6	草地	4 452 881	693 476	324	372	48	347.80
7	灌木林	802 787	125 557	346	389	43	367.56
8	道路	457 136	73 340	332	383	51	357.14
9	裸地	193 230	30 707	335	339	4	336.76

5.1.2.5　可见光和激光雷达勘测精度分析

（1）DEM精度比较

选取4个包含不同下垫面样地，大小均为50m×50m，并分别在各样地中随机选取3条样线，生成对应剖面线共12条（图5.16）。对比剖面线起伏程度，用以检验摄影测量与机载激光雷达处理后的DEM垂直方向精度差异（图5.17）。

结果表明，除样地4外，其余3个样地内的剖面线起伏程度几乎一致，这是由于样地4包含的下垫面构成相对复杂。此外，每个样地均有101.13m的垂直高程偏差，反映出摄影测量与激光雷达所得高程结果相差较大（表5.7）。这可能有两方面原因：一是无人机摄影测量航测时一般没有地面相控点，将导致处理摄影测量数据时缺少高程校正；二是进行无人机摄影测量飞行作业之前，基站海拔的设置存在偏差。

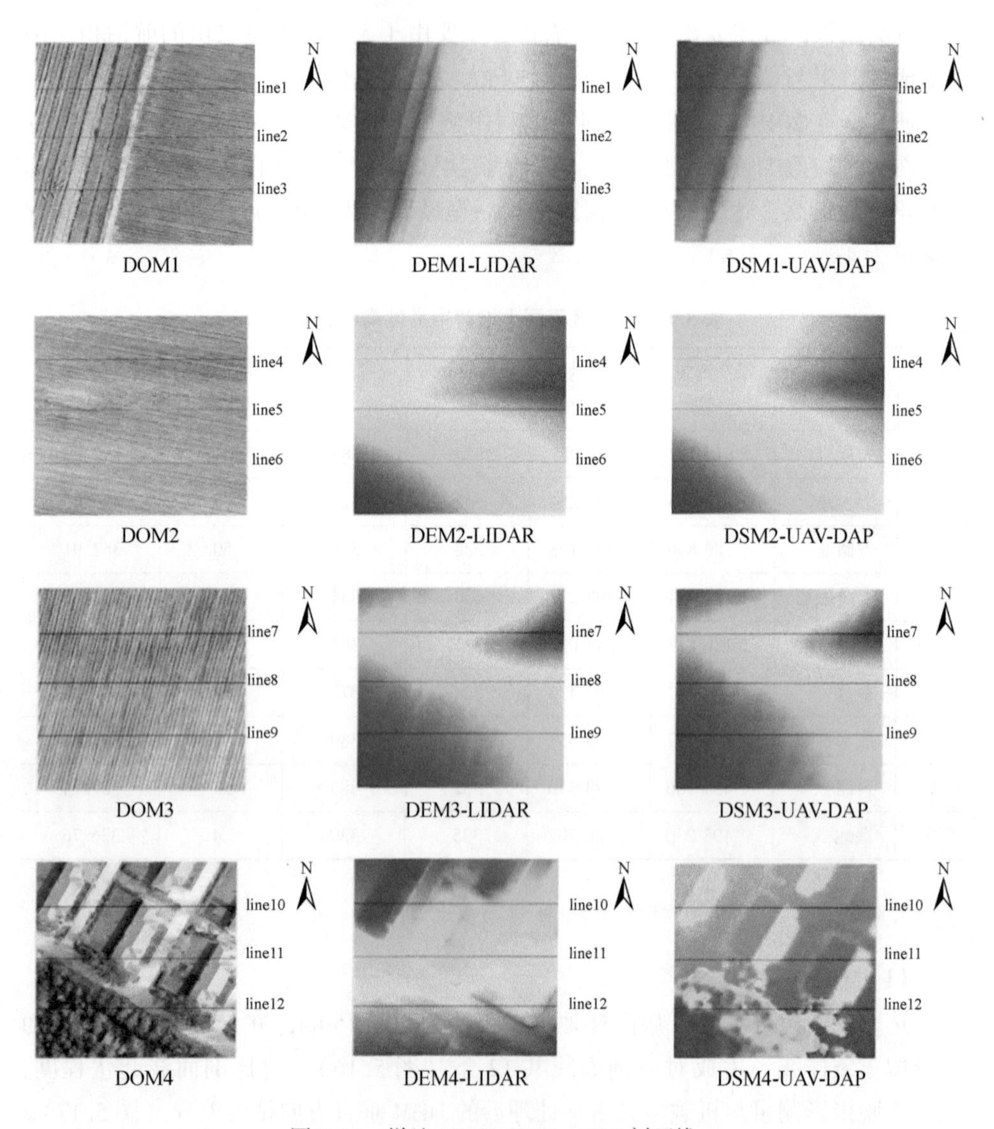

图 5.16　样地 DOM、DEM、DSM 剖面线

借助 SPSS 软件对机载激光雷达与摄影测量所得剖面线的高程进行相关分析，获得两者间的决定系数（表 5.8）。结果表明，样地 1/2/3，两者高程的平均 R^2 为 0.949，仅样地 4 R^2 为 0.229。也就是说，当研究区土地利用类型均为裸地时，摄影测量获取的数字表面模型（DSM）相当于激光雷达获取的数字高程模型（DEM），两者内容是一致的，均为地表高程值。

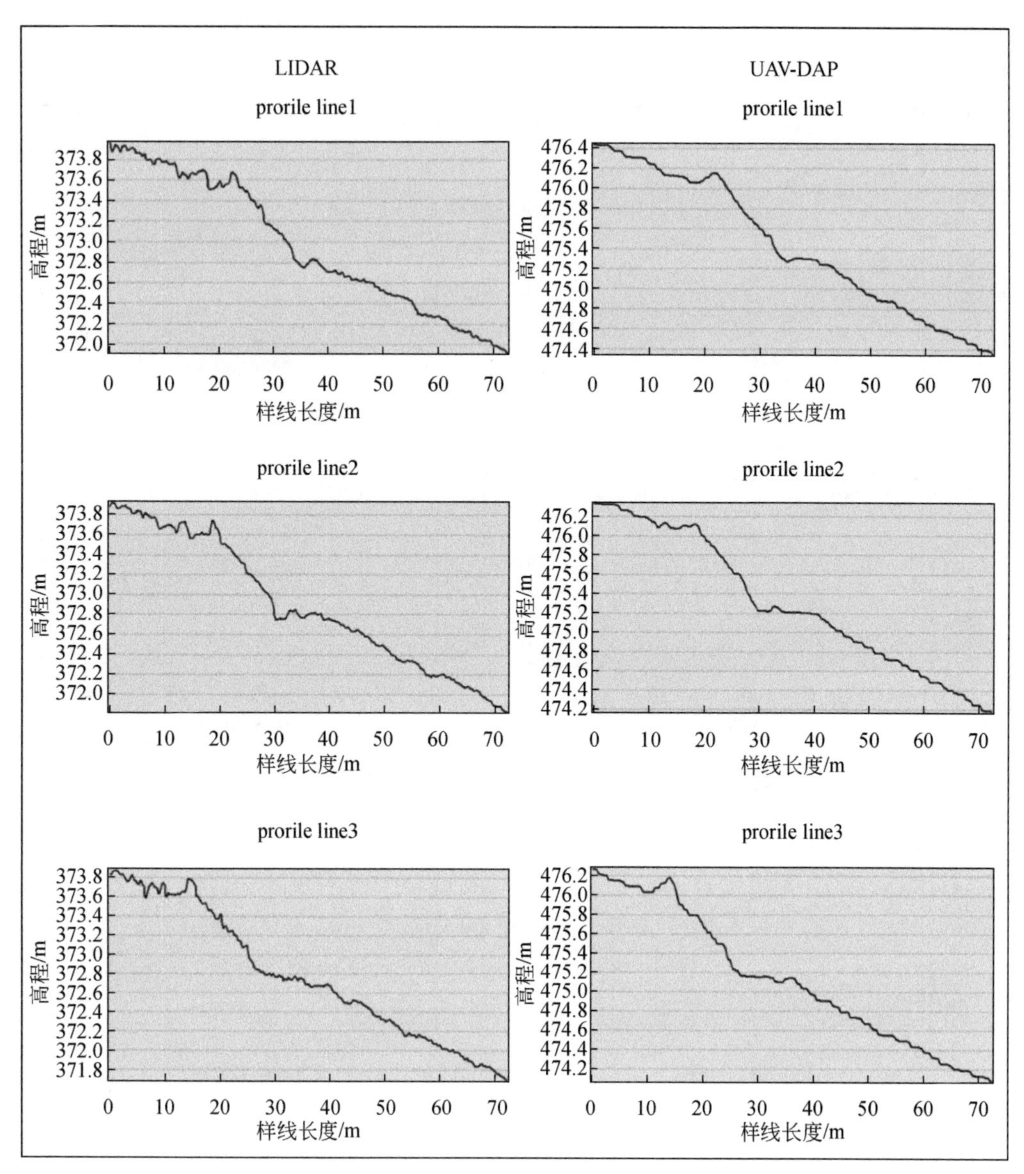
LIDAR
UAV-DAP
prorile line1
prorile line2
prorile line3
高程/m
样线长度/m

(a)样地1

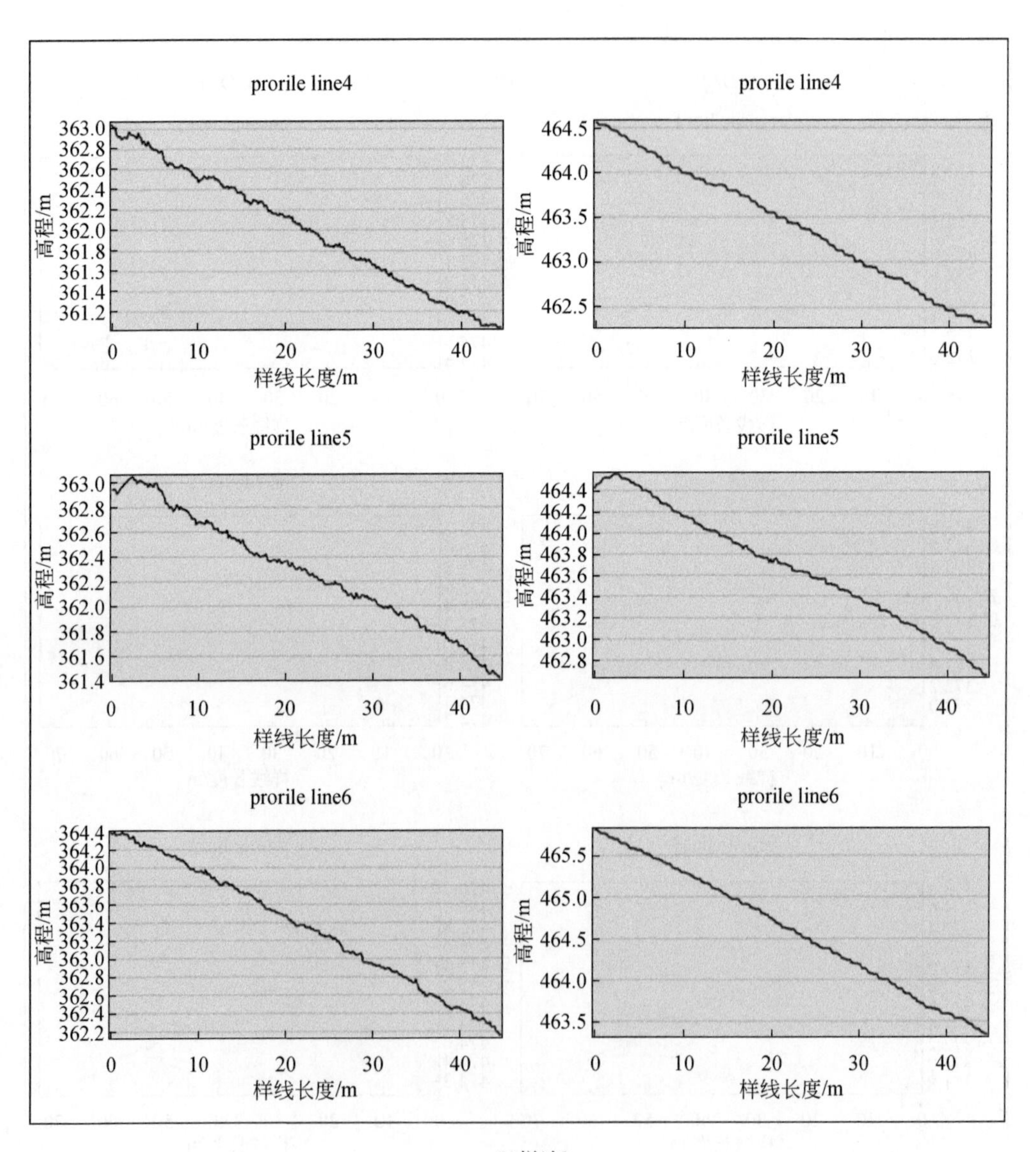
prorile line4
高程/m
样线长度/m
prorile line4
高程/m
样线长度/m
prorile line5
高程/m
样线长度/m
prorile line5
高程/m
样线长度/m
prorile line6
高程/m
样线长度/m
prorile line6
高程/m
样线长度/m

(b)样地2

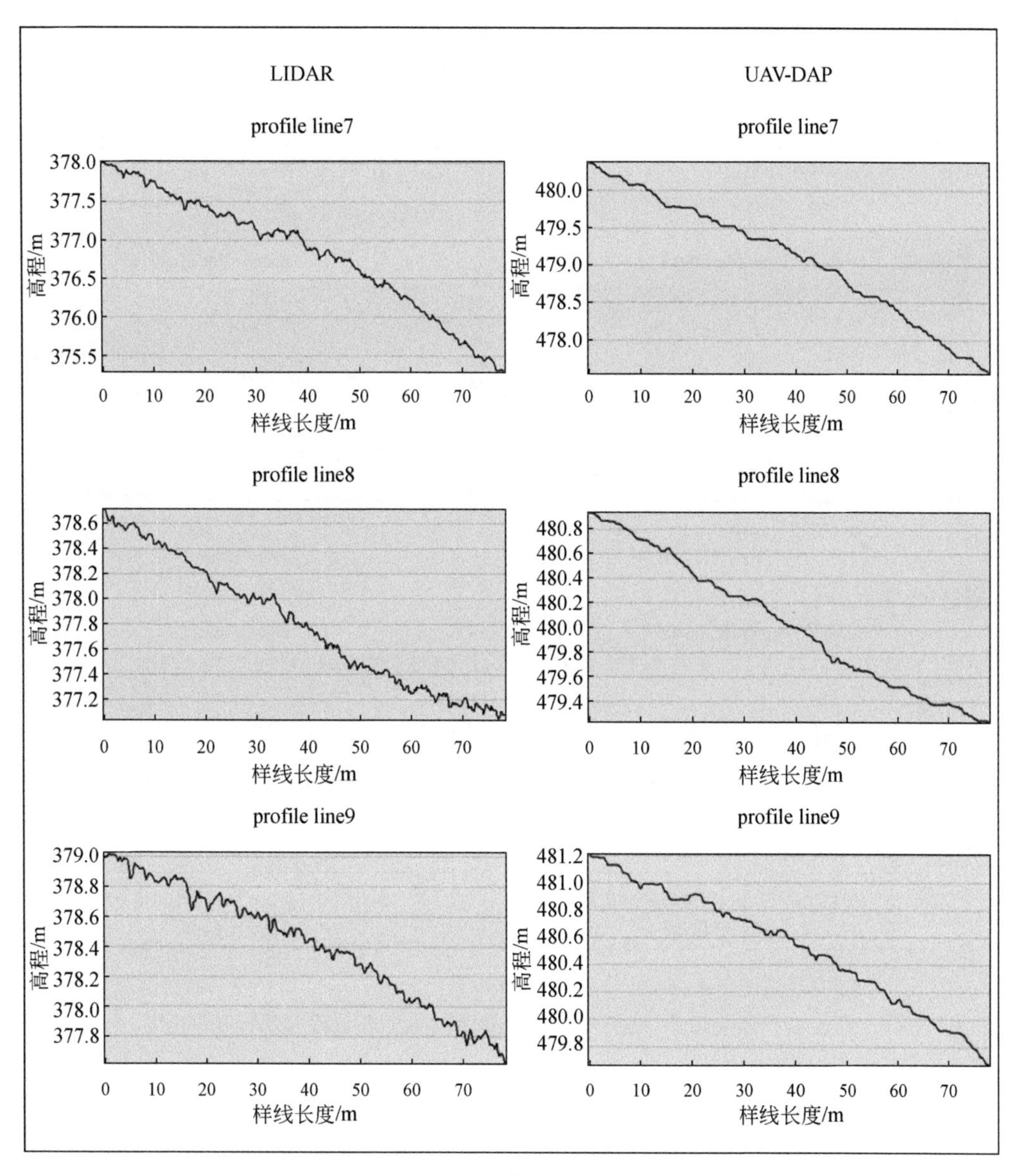
LIDAR
UAV-DAP
profile line7
profile line8
profile line9
高程/m
样线长度/m

(c)样地1

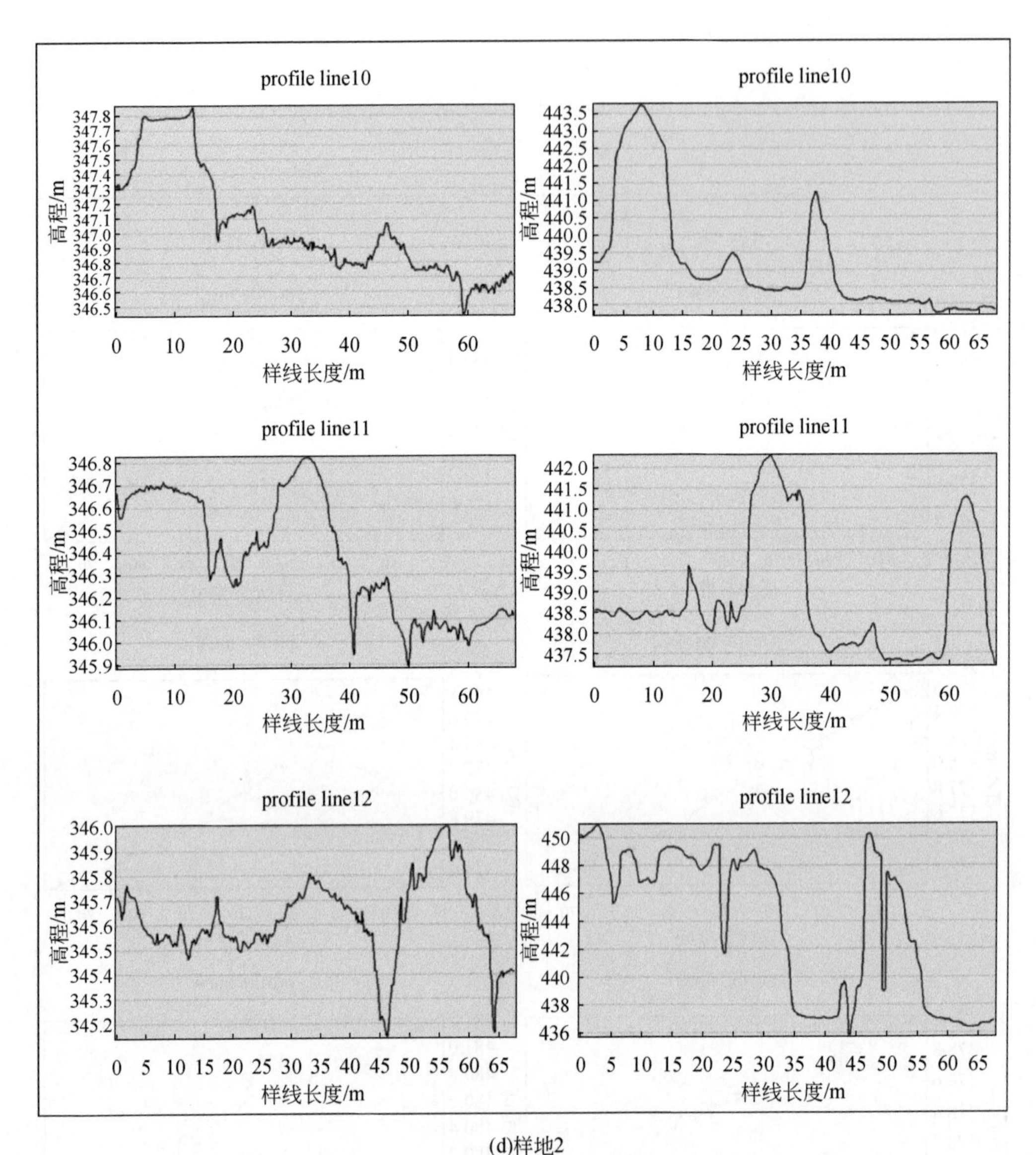

(d)样地2

图 5.17 激光雷达（左）与无人机航测（右）剖面线起伏程度对比

表 5.7 样地剖面线高程及差值

样地	剖面线	UAV-DAP 高程/m	LIDAR 高程/m	差值/m
样地 1	1	475.3	373.1	102.1
	2	475.4	373.2	102.2
	3	475.1	373.0	102.1

续表

样地	剖面线	UAV-DAP 高程/m	LIDAR 高程/m	差值/m
样地 2	4	463.6	362.4	101.2
	5	463.8	362.5	101.3
	6	464.8	363.7	101.1
样地 3	7	479.2	377.3	101.9
	8	480.1	378.0	102.1
	9	480.6	378.6	102.0
样地 4	10	439.56	347.24	92.32
	11	438.8	346.57	93.23
	12	445.6	345.62	99.97
平均值		465.16	365.10	100.13

表 5.8　各样地剖面线决定系数（R^2）

剖面线	1	2	3	4	5	6
R^2	0.943	0.952	0.951	0.229	0.993	0.997
剖面线	7	8	9	10	11	12
R^2	0.981	0.982	0.971	0.392	0.185	0.111

（2）不同土地利用类型的 DEM 高程差异

以激光雷达测得的地形为基准，计算可见光传感器获取的地形的差异（图 5.18）。从偏差的直方图可知，整个研究流域内容两类数据的绝对值误差集中在 0 ~ 2m，其中 70% 的差异在 0.5m 以内。也就是说，可见光点云获取的地形整体较激光雷达点云获取的地形低，且 70% 的误差不超过-0.5m。由可见光获取的研究流域地表数字高程模型（DSM）显示，该区地表高程介于 317 ~ 355m，地形起伏小，林地（F）表面最高且高程变化明显，荒地（W）低但较平坦，可见光点云与激光雷达点云所得结果偏差相对较大的区域主要分布在林地。荒地（W）和裸地（B）等平坦区域内两者的偏差较小。

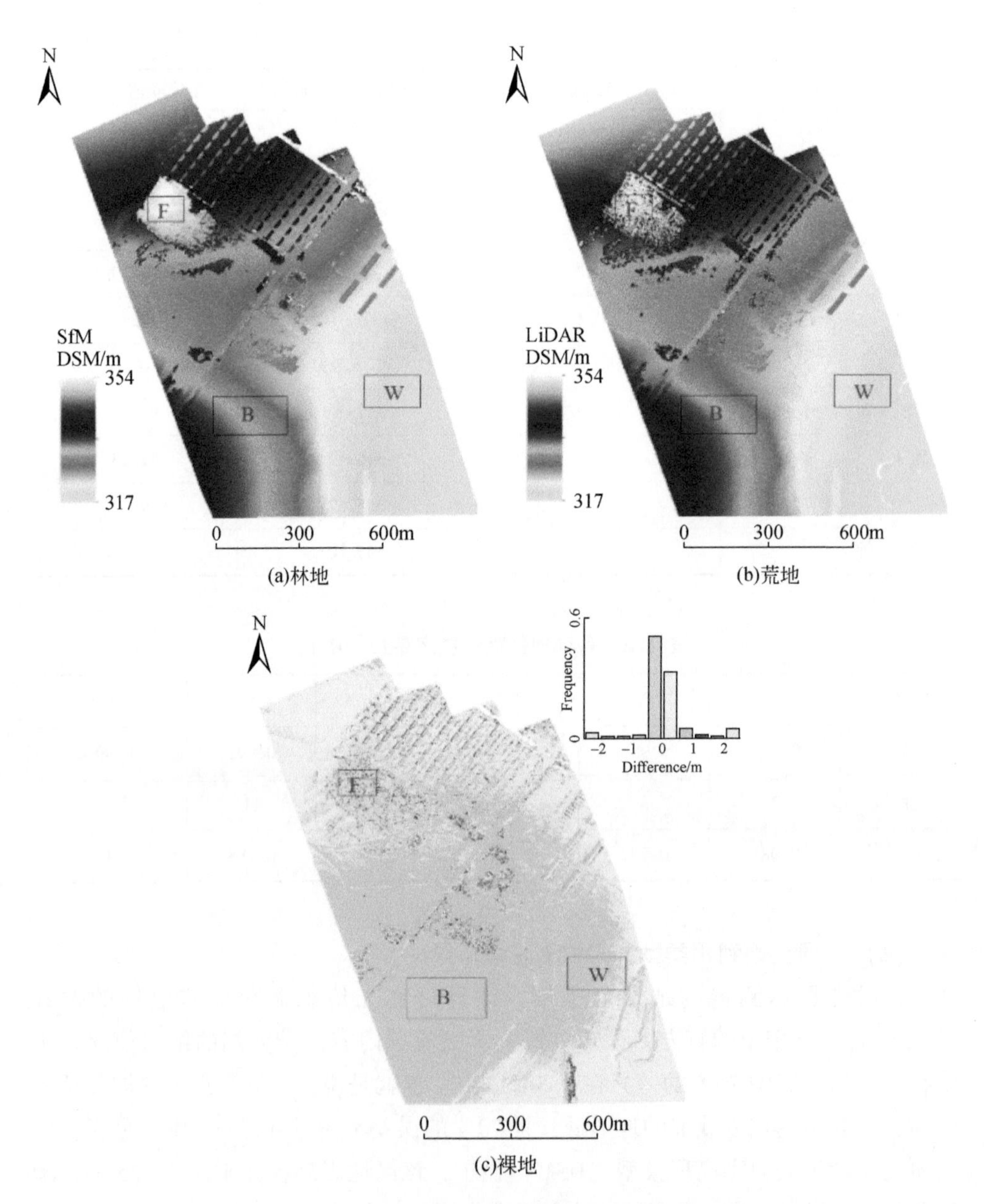

图 5.18 无人机 DSM 与激光雷达 DSM 差值图

为进一步分析两类地表高程数据在不同土地类型上差异，按林地（F）、荒地（W）、裸地（B）三种地块分别计算高程差异（图 5.19）。结果显示，林地内两者偏差的直方图最宽，方差（0.713m）最大；荒地和裸地内两者偏差最为集中，方差分别为 0.052m 和 0.045m。两类表面高程在林地、荒地和裸地的平均差异分别是-0.458m、-0.174m 和-0.438m，裸地差异最小、林地差异最大、荒地的偏差程度与裸地接近。

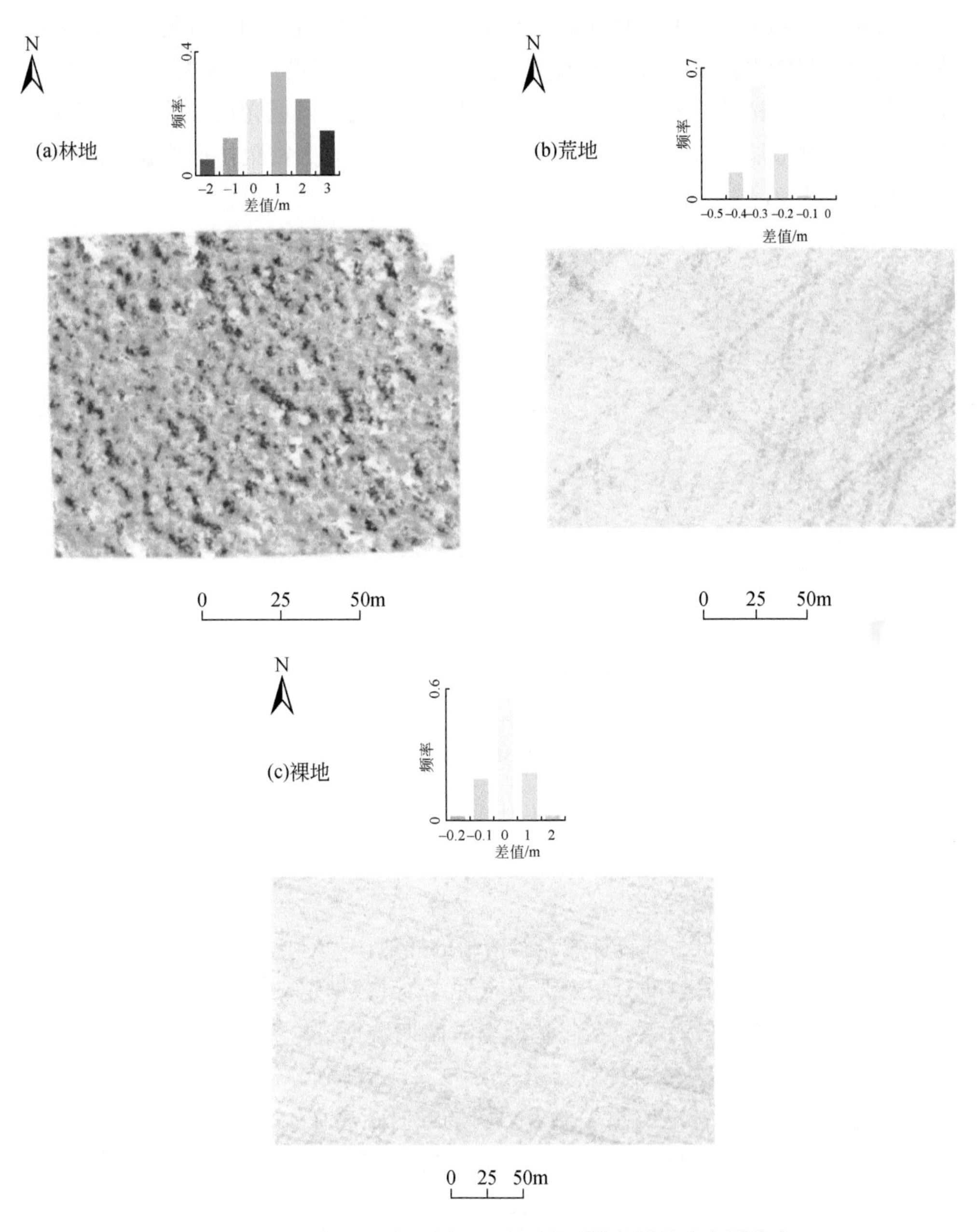

图 5.19　两种 DSM 在不同土地利用类型的差异及直方图分布

注：各小图中色块对应其正上方柱状图中的柱体颜色；频率无单位

比较林地、荒地、裸地内两种地表数字高程模型（DSM）的散点图，并分别计算相关性（图 5.20）。结果显示，激光雷达和可见光在裸地和荒地所获得的高度表现出极高相关性，但在林地相关性较差。进一步分析可知，可见光无法穿透植被冠层，只能得到植被冠层表面点云，而激光雷达则贯穿地表覆盖直达地表，点云包括地面和植被部分，因此与激光雷达数据相比，可见光点云数据分布不均匀，所得植被冠层点云数据不准确，不适宜用来获取高大密集植被覆盖地区的点云数据（图 5.21）。

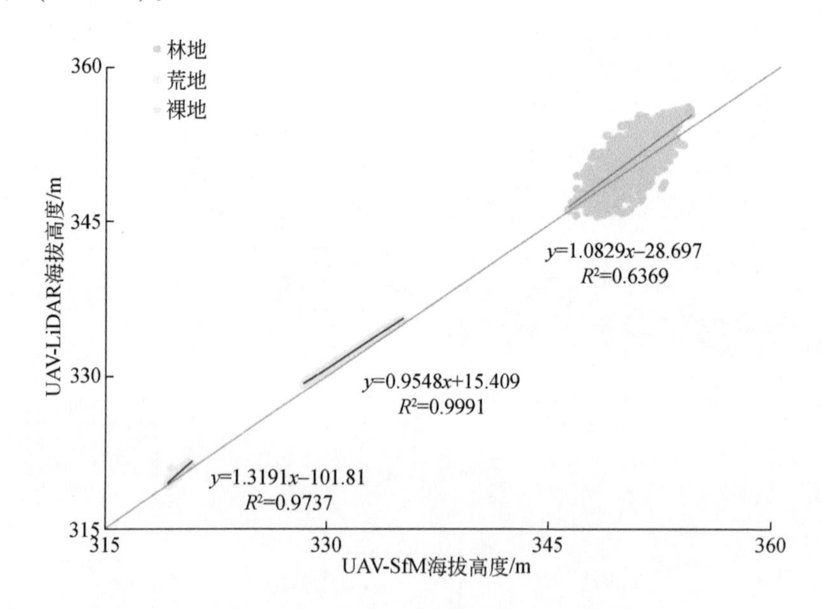

图 5.20　两种 DSM 在不同土地利用类型的差异及直方图分布

(3) 点云数据精度对比

为减少数据运算量，选择标志点较清晰的样地作为对比数据，并对点云数据做降噪处理后进行 ICP 配准。激光雷达样地的点云数据定义为参考对象，摄影测量的点云数据作为比较对象，在此基础上对两期数据进行精度对比（图 5.22）。使用最邻近点云比较法对两种点云进行比较，结果显示，点云共 1545.48 万个点，高斯均值 4.38，标准偏差 2.59。点云的绝对距离在 15.8m 内，绝对距离在 0 ~ 2.5m 的点云数量为 1526.94 万个点，约占总数的 98.8%，极少数点云的绝对距离介于 2.5 ~ 15.8m，仅占 1.2%，其中绝对距离 0.5m 时的点云数量最大，为 36.17 万个点，点云数量与距离呈现正态分布。

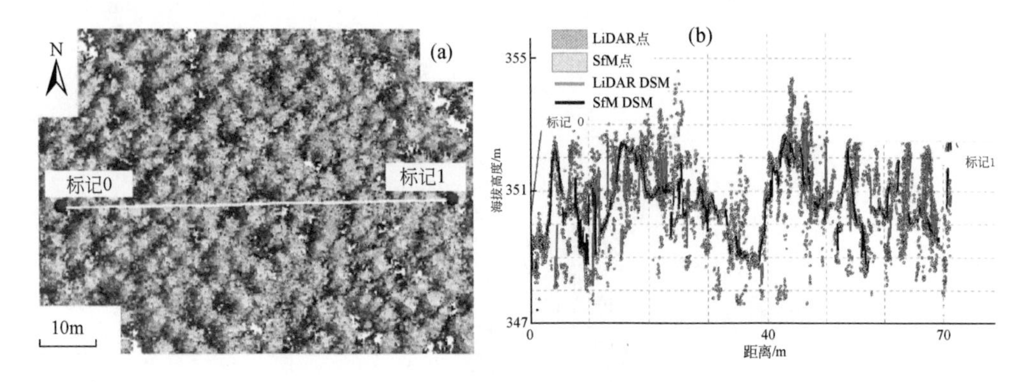

图 5.21　林地 DSM 剖面线侧视图

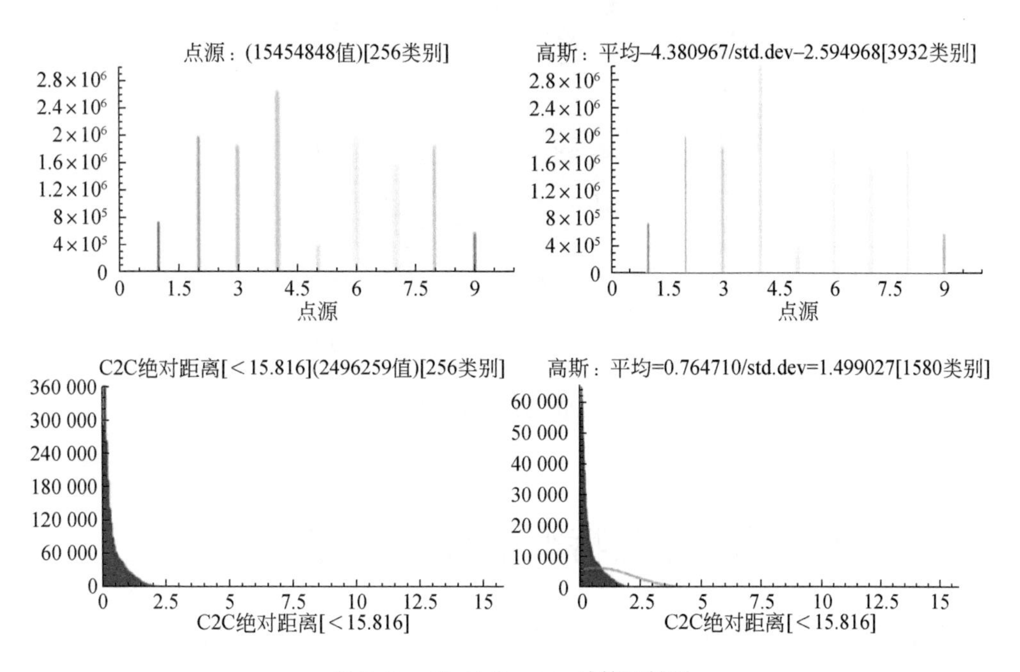

图 5.22　Cloud Compare 计算的结果

在 Cloud Compare 软件中使用最邻近距离比较法得到两期航测点云数据相对高程，点云相对高程介于-7 ~ 6.75m 的占 82.6%、介于-18.57 ~ 6.75m 的占 8.4%、介于 6.75 ~ 11m 的占 5.6%、介于 11 ~ 18.55m 的占 3.4%（图 5.23）。

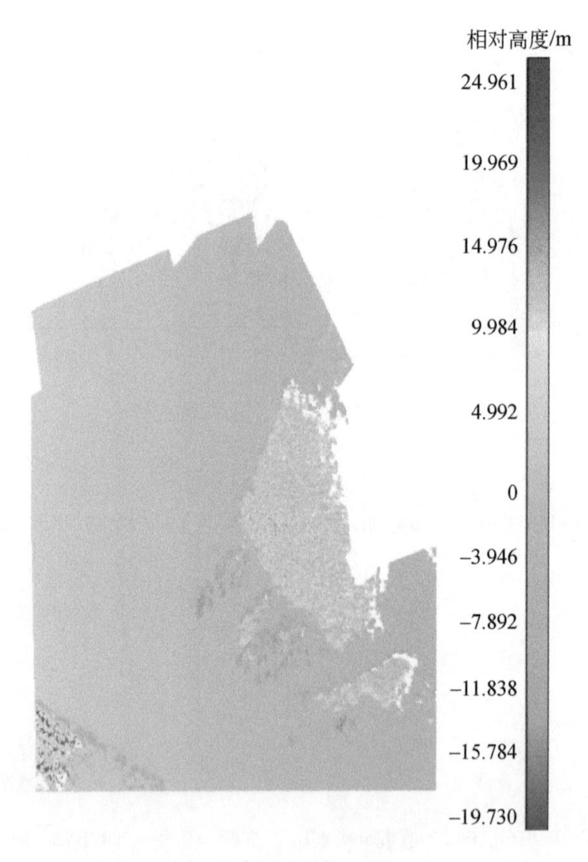

图 5.23　点云相对高程

5.2　不同沟垄特征的坡面数字地形构建

为开展不同垄作方式（垄向、垄距）影响下的水文模拟，利用 ArcGIS Engine 二次开发组件库，设计“坡面田垄 DEM 自动生成处理工具”①，通过自然地形和规划沟垄叠加自动生成反映沟垄变化的数字地形，用以支撑水文模拟与措施布局。该软件主要包括通用功能、数据管理、垄沟对象生成、DEM 数据修正与导出等功能。

① 已获得软件著作权授权（2021SR0943745）。

5.2.1 坡面田垄 DEM 自动生成处理工具功能特点

坡面田垄 DEM 自动生成处理工具包含通用功能、数据管理、垄沟对象生成、DEM 数据修正、DEM 数据导出等 5 大模块，可通过输入研究区域高精度 DEM，实地测量或规划设计的田垄形状、垄深、垄宽、坡度及田垄分布方式等信息，自动叠加生成反映沟垄的 DEM 数据，用以作为开展面向垄作长缓坡水土流失分析模拟的基础数据（图 5.24）。该工具可用来支撑模型模拟，分析坡面与沟垄暴雨侵蚀损毁分布特征及其与真实水文路径关系，对比不同沟垄布设格局的侵蚀产沙变化等，从而为长缓坡耕地沟垄优化布局和水土保持措施规划评价提供支撑。

图 5.24　坡面田垄 DEM 自动生成处理工具运行界面

5.2.2 坡面田垄 DEM 自动生成处理工具操作应用

利用坡面田垄 DEM 自动生成处理工具对鹤北 2 号小流域的部分农田地块进行了田垄规划应用（图 5.25）。所选地块侵蚀沉积相对严重，输入的 DEM 由无人机可见光航测获得，分辨率 0.21m。

对规划田块按如下步骤进行田垄布局规划及对应 DEM 生成（图 5.26）：

1）运行软件，添加需要修改微地形的规划地块 DEM 数据。本研究中选取的规划地块现有垄向为自西向东斜向的宽垄玉米种植区。

2）规划田块现状种植模式为玉米宽垄，对该地块的垄沟在不改变现有地形坡度的前提下，按等高线创建 Shape File 面文件，并逐一对各等高线面要素根据实际勘测结果进行赋值。

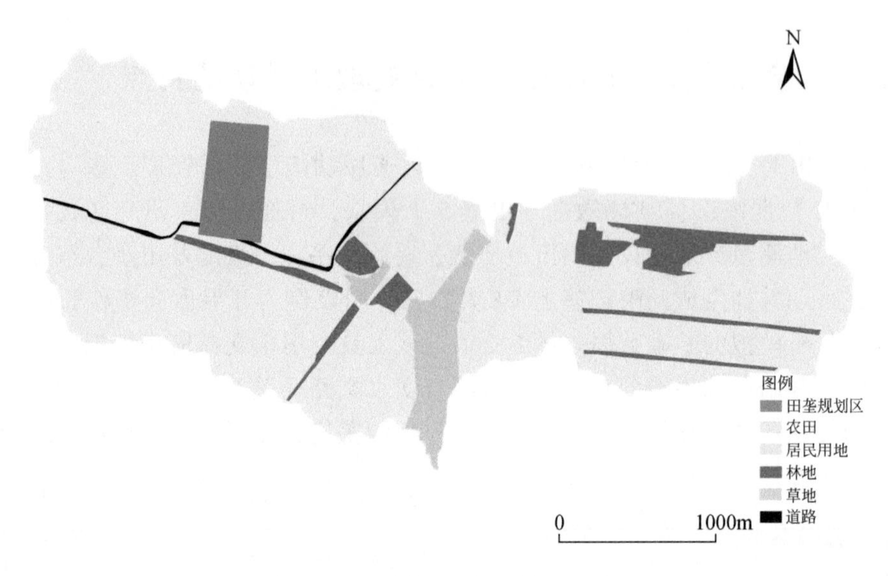

图 5.25　田垄规划地块分布位置

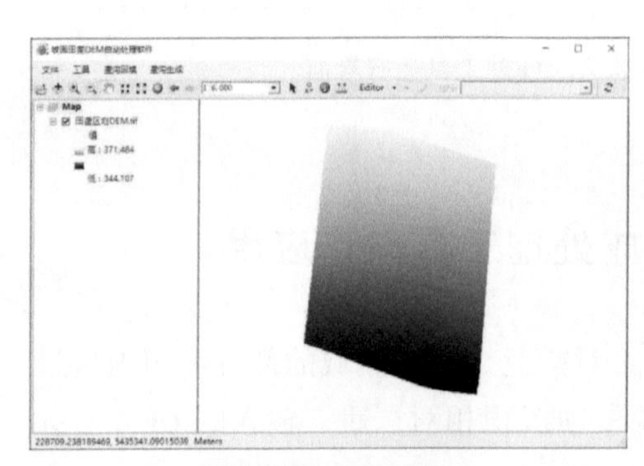

(a)软件添加区块DEM

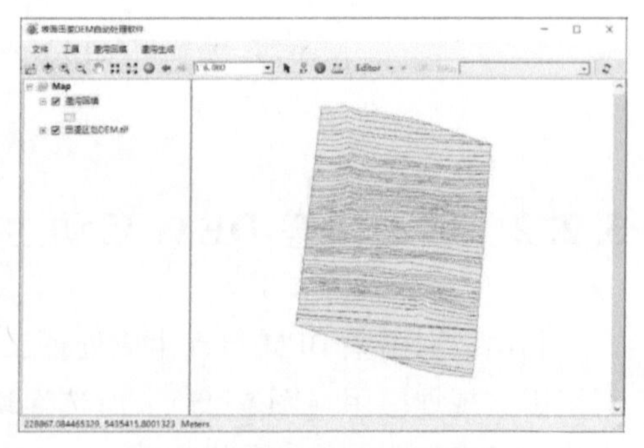

(b)垄沟回填ShapeFile面状文件

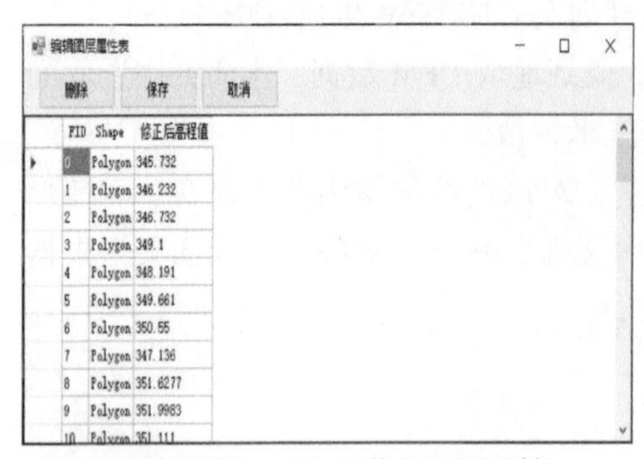

FID	Shape	修正后高程值
0	Polygon	345.732
1	Polygon	346.232
2	Polygon	346.732
3	Polygon	349.1
4	Polygon	348.191
5	Polygon	349.661
6	Polygon	350.55
7	Polygon	347.136
8	Polygon	351.6277
9	Polygon	351.9983
10	Polygon	351.111

(c)垄沟回填ShapeFile面状文件高程赋值

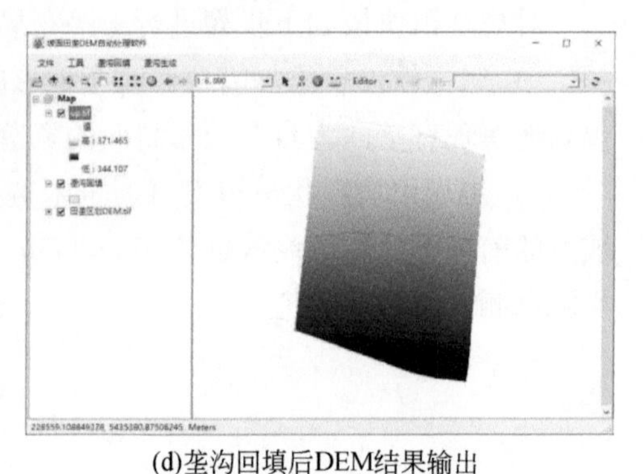

(d)垄沟回填后DEM结果输出

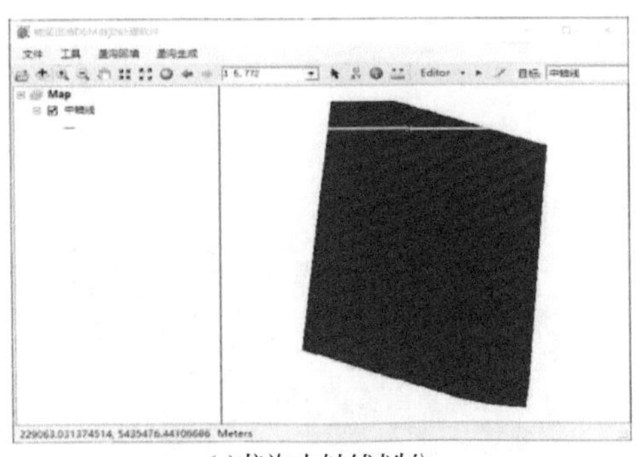

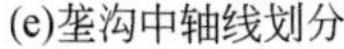

(e)垄沟中轴线划分

编辑图层属性表

删除 保存 取消

FID	Shape	垄沟形状	垄沟宽度(米)	垄沟底宽(米)	垄沟深度(米)	土壤蓬松系数	坡度(度)
0	Polyline	三角形	0.25	0	0.15	1.2	15
1	Polyline	三角形	0.25	0	0.15	1.2	15
2	Polyline	三角形	0.25	0	0.15	1.2	15
3	Polyline	三角形	0.25	0	0.15	1.2	15
4	Polyline	三角形	0.25	0	0.15	1.2	15
5	Polyline	三角形	0.25	0	0.15	1.2	15
6	Polyline	三角形	0.25	0	0.15	1.2	15
7	Polyline	三角形	0.25	0	0.15	1.2	15
8	Polyline	三角形	0.25	0	0.15	1.2	15
9	Polyline	三角形	0.25	0	0.15	1.2	15

(f)垄沟ShapeFile面状文件

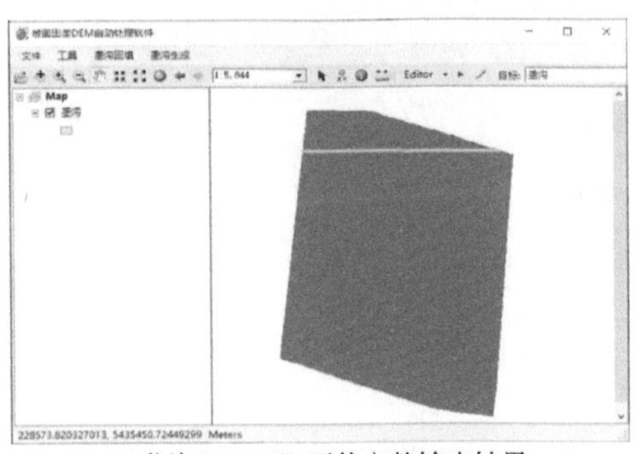

(g)垄沟ShapeFile面状文件输出结果

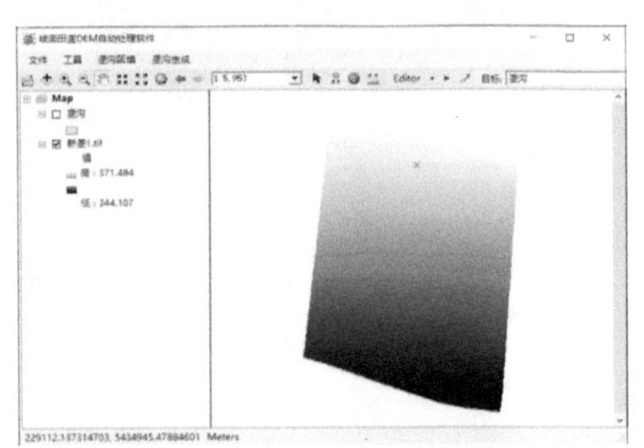

(h)规划垄作分布栅格数据输出结果

图 5.26　坡面田垄 DEM 自动生成处理工具操作过程

3）赋值后进行田垄垄沟批量回填，生成无沟垄的 DEM。

4）经过沟垄回填后 DEM 需要重新生成新的田垄，原有条件下的垄向为斜向。重新规划为横向垄作，因此需生成垄沟中轴线，垄沟中轴线共 440 条。

5）基于赋有属性中轴线生成垄沟，属性为：垄沟形状拟为三角形、宽度为 0.25m、深度为 0.15m、坡度为 15°。根据垄沟输出横垄垄向 DEM。

原有斜向宽垄的地形参数表明，该区在土壤侵蚀模型模拟结果为沉积区，故对该区域进行重新划分。根据微地形等高线在保持原有地形坡度基础上提升海拔，起到回填目的，相当于回填沟垄、消除原有垄作。沟垄变化前后，坡度和坡向变化不明显，但糙度呈垄沟回填坡面糙度<原有斜向宽垄坡面糙度<规划横向宽垄坡面糙度（图 5.27～图 5.30）。

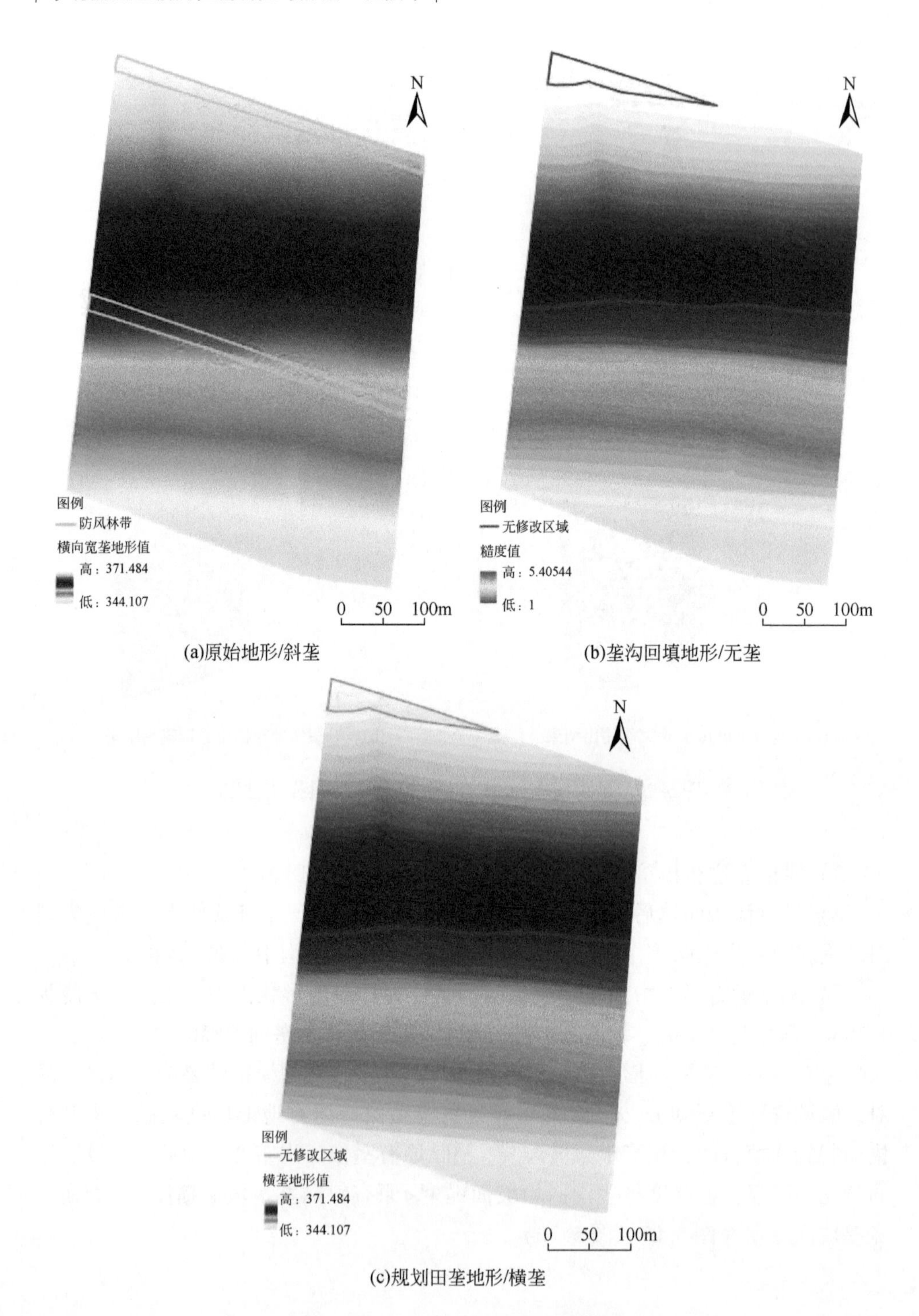

(a)原始地形/斜垄

(b)垄沟回填地形/无垄

(c)规划田垄地形/横垄

图 5.27　坡面田垄 DEM 自动生成处理的地形变化示意

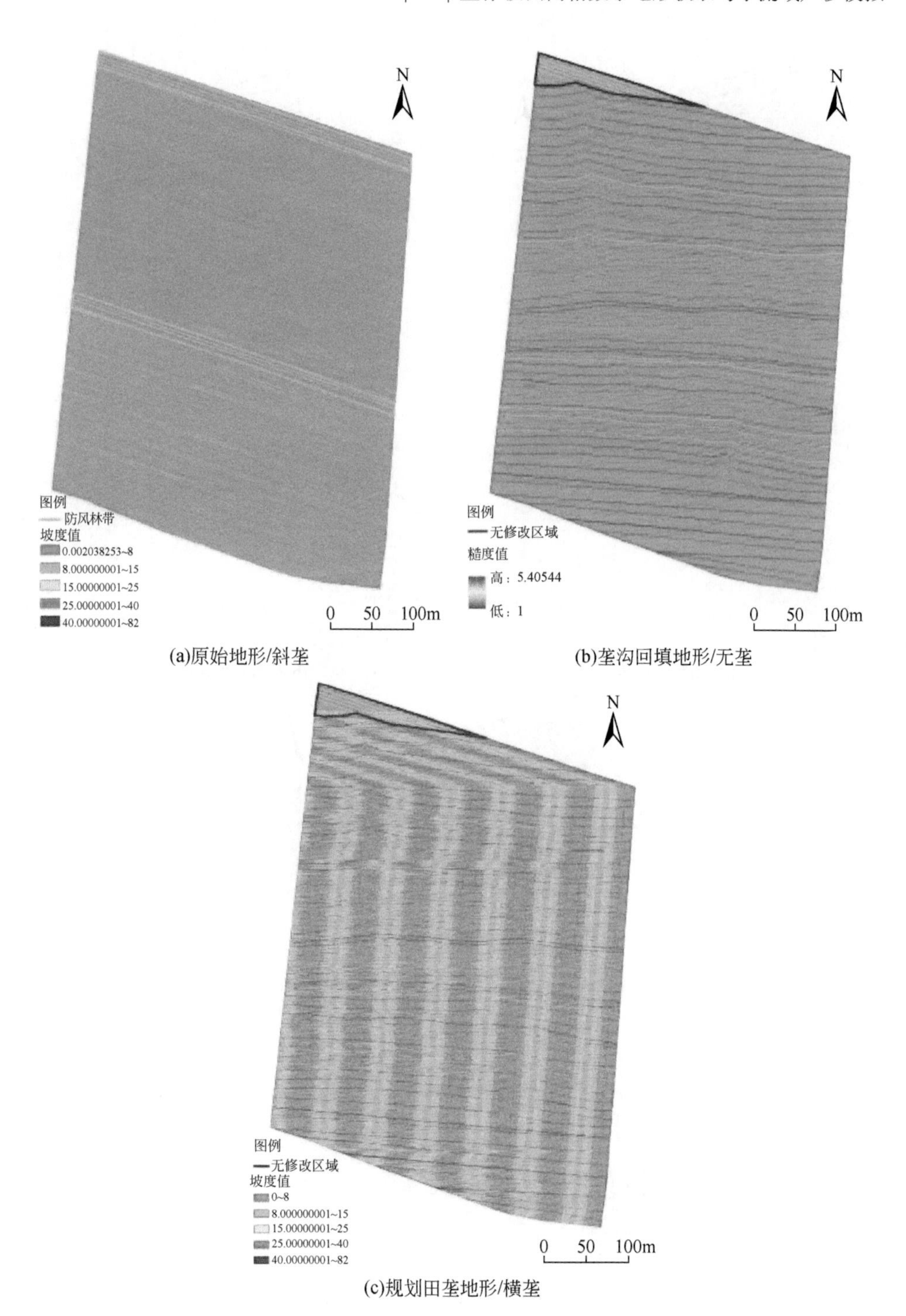

(a)原始地形/斜垄

(b)垄沟回填地形/无垄

(c)规划田垄地形/横垄

图 5.28 坡面田垄 DEM 自动生成处理的坡度变化示意

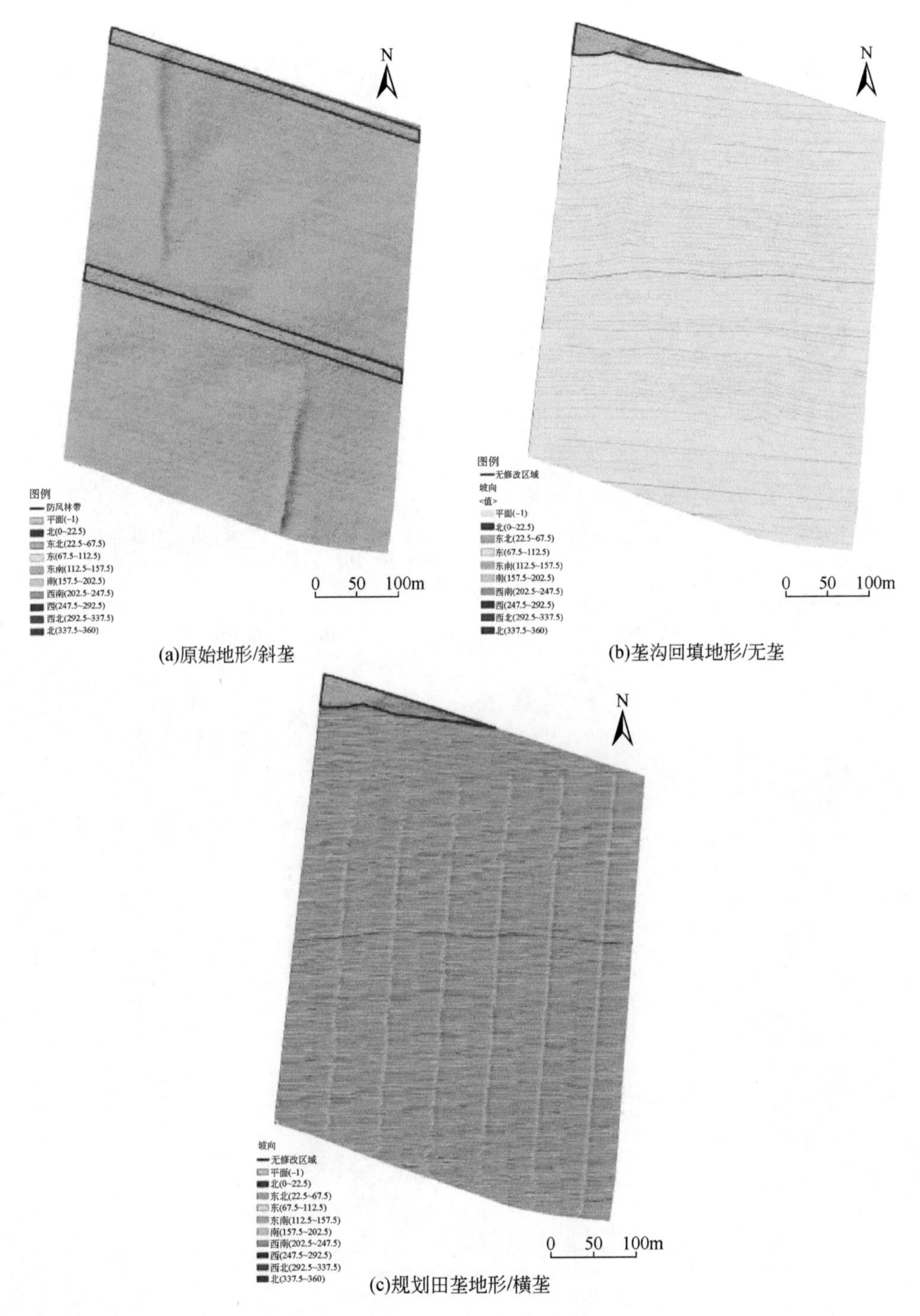

(a)原始地形/斜垄

(b)垄沟回填地形/无垄

(c)规划田垄地形/横垄

图 5.29　坡面田垄 DEM 自动生成处理的坡向变化示意

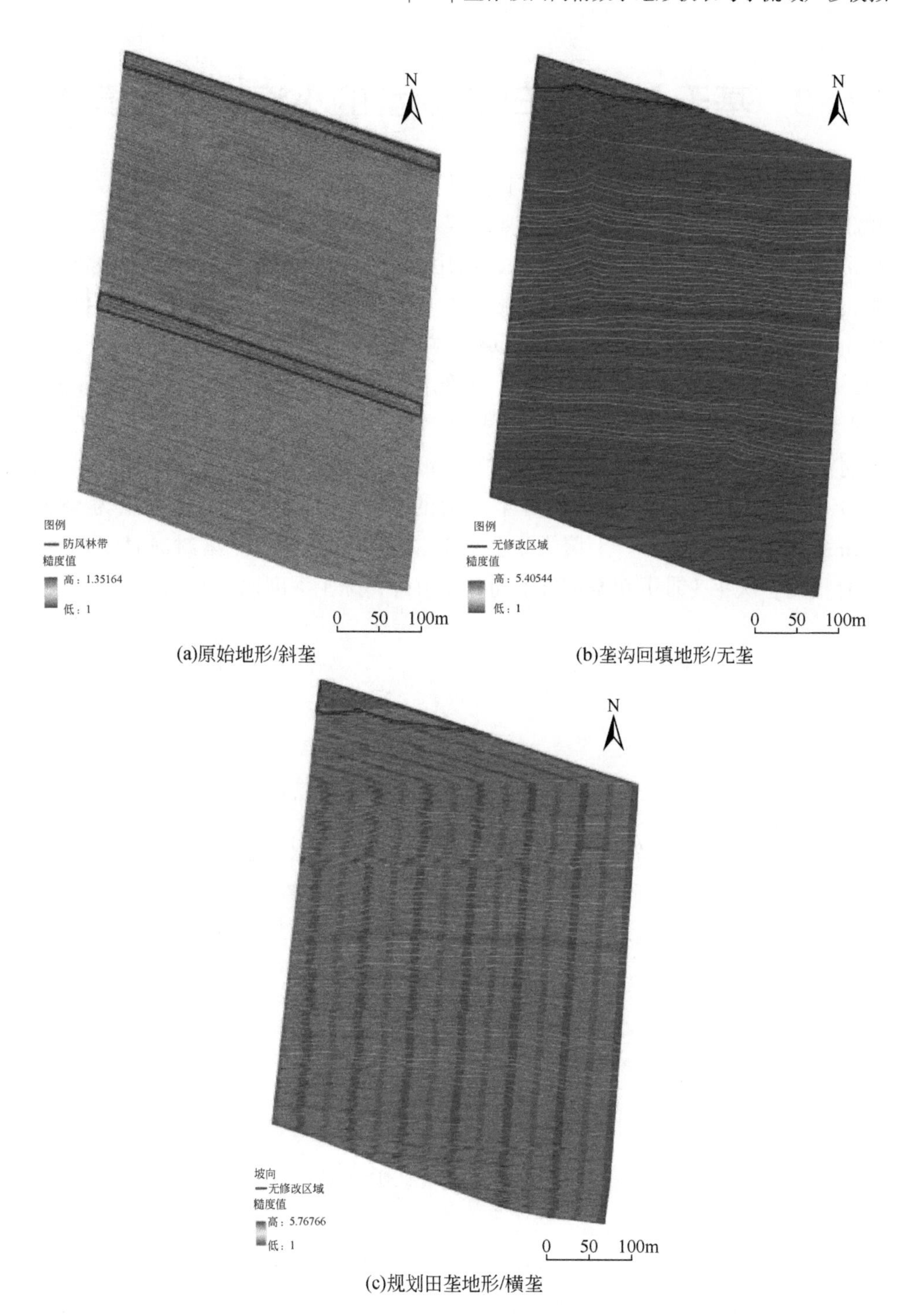

(a)原始地形/斜垄

(b)垄沟回填地形/无垄

(c)规划田垄地形/横垄

图 5.30　坡面田垄 DEM 自动生成处理的地表糙度变化示意

5.3 基于 Geo-WEPP 模型的小流域产沙模拟

为揭示垄作长缓坡耕地侵蚀沉积特征及其对流域产沙的贡献，选择黑龙江省嫩江市九三农垦分局鹤山农场两个典型集水区为研究对象，基于无人机航测获得高精地形和土地利用等下垫面信息，运用 Geo-WEPP 模型模拟获得其侵蚀、沉积、产沙分布情况。研究区位于黑龙江省嫩江市九三农垦分局鹤山农场内面积约 $30km^2$ 的鹤北流域，共包含 9 个小流域。本研究选取鹤北 2 号小流域和 8 号小流域，面积 $5.6km^2$，最高海拔 375m、最低海拔 313m，地势起伏高差 60m 左右（图 5.31）。该区属典型寒温带半湿润大陆性气候，多年平均气温为 2 ~ 5℃，无霜期在 150 天左右，最低气温 -39.5℃，最高气温达 38.9℃，年日照总时数在 2400 ~ 2900h，生长季日照时数占年总量的 44% ~ 48%，年均降水量为 480 ~ 512mm，集中在6 ~ 8 月。土壤类型主要为沼泽土和黑土，土壤封冻时间在每年 10 月下旬，次年 3 月下旬至 4 月下旬开始解冻，冻土深度达 1.1 ~ 4.9m。

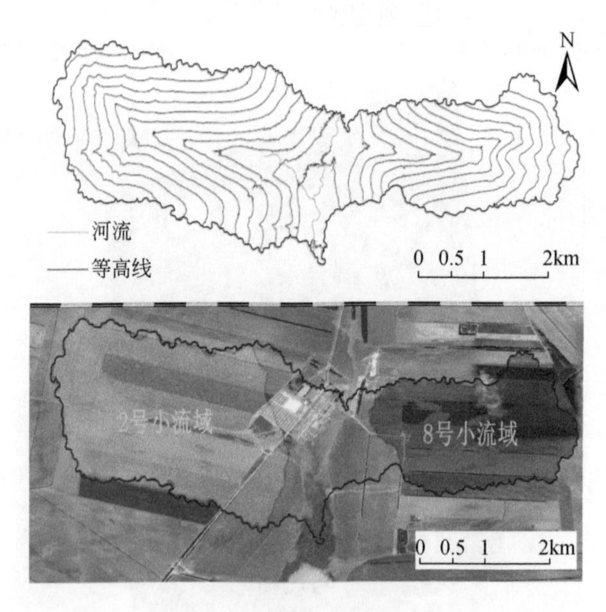

图 5.31 典型流域地理特征图

鹤北小流域原始植被为森林和草甸，流域开垦种植时间主要分为两个时间段，1955 ~ 1958 年和 1963 ~ 1968 年。目前流域内土地利用主要以耕地为主，种植率约 90%，主要农作物为玉米、春小麦和大豆，同时辅以其他经济作物进行间作或者轮作。多采用垄作种植，主要有两种垄形——小垄（垄台上宽 35cm、垄台下宽 70cm、垄台高度 10cm）和大垄（垄台上宽 75cm、垄台下宽 110cm、垄台高度 10cm）。随着对东北黑土区长缓坡垄作种植研究不断深入，2011 年开始的小垄种植模型逐渐被大垄种植模式取代，耕作垄向几乎与防护林带平行且与等高线有一定夹角，在长缓坡上横向垄作种植。起垄作业主要在秋收后进行，但因降水和机械作业时间等因素限制，部分地块于春季播种前进行翻地起垄。鹤北流域垄作方向不一，顺坡垄作可迅速排出夏季和秋季累积的农田积水，避免水分过多下渗，破坏作物根系，但产生的径流量远大于横坡垄作，冲刷作用强烈，水土流失加剧。横坡垄作可拦截地表径流和泥沙输移，促进水分入渗和作物利用，但当降雨历时长且强度大时，地表径流可能冲毁垄台，形成较顺垄几倍以上的土壤侵蚀。可见，田垄方向的合理布局，是东北黑土区农田水土流失防治的重要手段。

5.3.1 Geo-WEPP 模型数据库构建

Geo-WEPP 模型数据库主要包括气象数据库、地形数据库、土壤数据库、土地利用/作物管理数据库（图 5.32）。

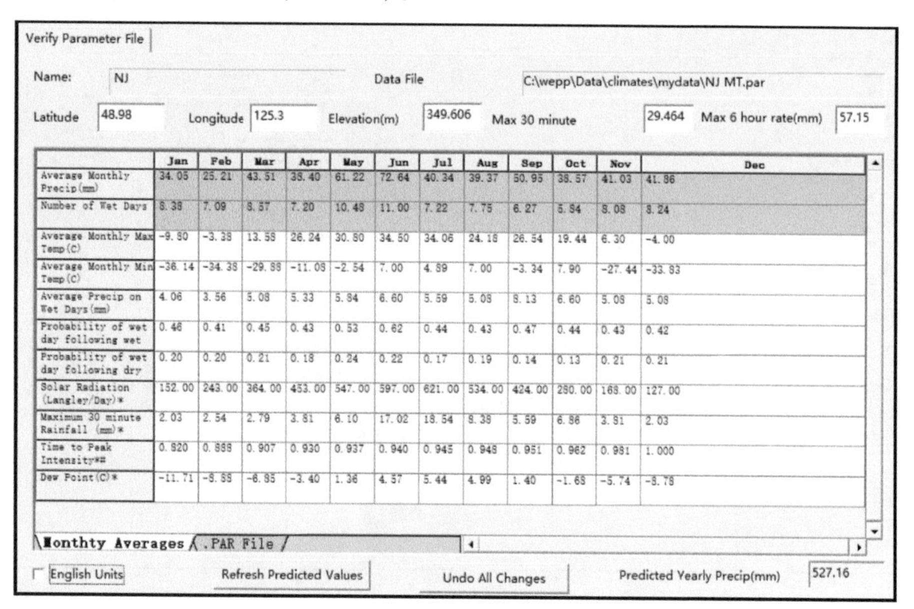

	Jan	Feb	Mar	Apr	May	Jun	Jul	Aug	Sep	Oct	Nov	Dec
Average Monthly Precip(mm)	34.05	25.21	43.51	38.40	61.22	72.64	40.34	39.37	50.95	38.57	41.03	41.86
Number of Wet Days	8.38	7.09	8.57	7.20	10.48	11.00	7.22	7.75	6.27	5.84	8.08	8.24
Average Monthly Max Temp(C)	-9.80	-3.38	13.58	26.24	30.80	34.50	34.06	24.18	26.54	19.44	6.30	-4.00
Average Monthly Min Temp(C)	-36.14	-34.38	-29.88	-11.08	-2.54	7.00	4.89	7.00	-3.34	7.90	-27.44	-33.83
Average Precip on Wet Days(mm)	4.06	3.56	5.08	5.33	5.84	6.60	5.59	5.08	8.13	6.60	5.08	5.08
Probability of wet day following wet	0.46	0.41	0.45	0.43	0.53	0.62	0.44	0.43	0.47	0.44	0.43	0.42
Probability of wet day following dry	0.20	0.20	0.21	0.18	0.24	0.22	0.17	0.19	0.14	0.13	0.21	0.21
Solar Radiation (Langley/Day)*	152.00	243.00	364.00	453.00	547.00	597.00	621.00	534.00	424.00	280.00	168.00	127.00
Maximum 30 minute Rainfall (mm)*	2.03	2.54	2.79	3.81	6.10	17.02	18.54	8.38	5.59	6.86	3.81	2.03
Time to Peak Intensity*#	0.820	0.888	0.907	0.930	0.937	0.940	0.945	0.948	0.951	0.962	0.981	1.000
Dew Point(C)*	-11.71	-8.88	-6.85	-3.40	1.36	4.57	5.44	4.99	1.40	-1.68	-5.74	-8.78

图 5.32　气候参数替换文件界面

(1) 气象数据库

Geo-WEPP 模型有 CLIGEN 和 BPCDG 两种建立气候数据文件格式，需要相应气象数据（表 5.9）。本研究使用嫩江气象站现有观测气象资料（日降雨量、日最高温度、日最低温度）建立 Geo-WEPP 模型气象数据库，采用替换与研究区站点关键参数的方法建立研究区气象数据库，其中以宾县水土保持试验站气象数据为基础建立气象数据库，并以此为数据库背景，采取 Single Storm 输入单场次降雨数据（图 5.33）。

表 5.9　BPCDG、CLIGEN 两种气象数据库的参数

数据库名称	参数
BPCDG 气候数据库	次降雨的断点数量、各断点的时间及累计降雨量、最高气温、最低气温、太阳辐射量、风速、风向、露点温度
CLIGEN 气候数据库	雨量、降雨历时、TP、IP、最高气温、最低气温、太阳辐射量、风速、风向、露点温度

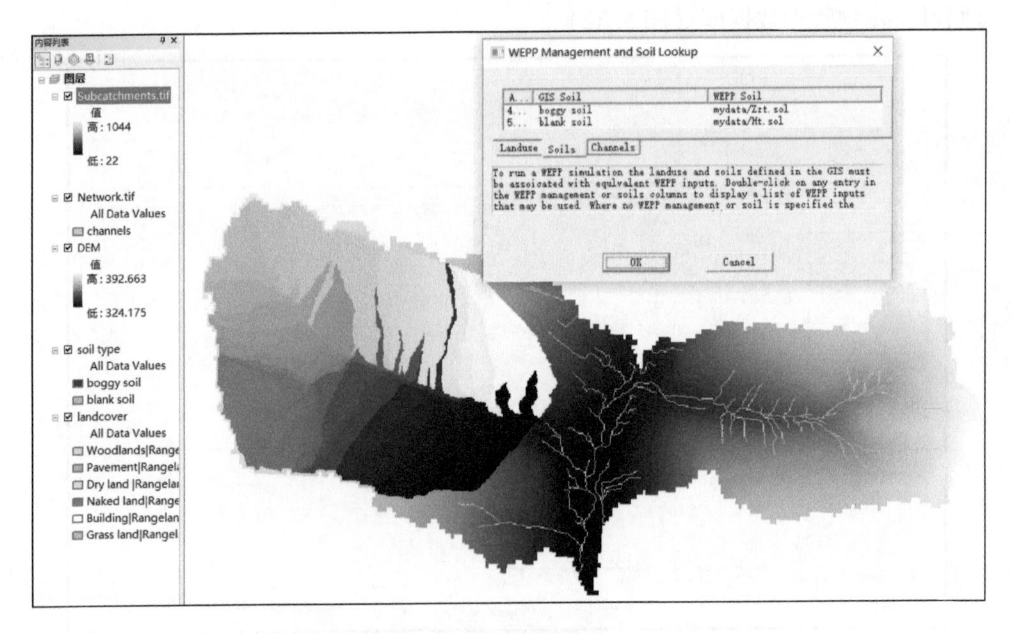

图 5.33　Geo-WEPP 模型数据库界面（2 号小流域）

（2）地形数据库

Geo-WEPP 模型的土壤侵蚀模拟有坡面径流法和流域法。坡面径流法主要是基于 DEM 确定的坡面最大坡度水流运动原则，通过计算整个坡面的径流流向达到模拟目的，每个坡面的径流数量并不单一，再根据插值法计算每一个点的径流量和侵蚀量。流域法基于 DEM 获取坡面信息，将流域分成若干子流域，每个坡面由典型径流路径表征，可计算每个坡面的径流量和侵蚀量。模型运行要求将 DEM 数据转成 ASCII 格式，作为模型地形数据库。

（3）土壤数据库

Geo-WEPP 模型土壤数据库建立包括土壤地理信息数据处理和模型中的土壤属性数据库建立。土壤地理信息数据是使用九三农垦分局鹤北 2 号小流域和 8 号小流域的土壤各类型分布图层，基于 ArcGIS 处理分析。土壤数据库是根据资料查询所获得的砂粒含量、黏粒含量、石砾含量、有机质含量和阳离子交换量等土壤基本信息建立。

（4）土地利用/作物管理数据库

土地利用地理信息数据处理主要将研究区土地利用类型分布矢量数据转成 Geo-WEPP 模型需要的 ASCII 格式文件。其中，土地利用类型信息是模型作物管理数据库建立的基础，作物管理数据库包括初始条件子数据库（initial conditions database）、植被参数子数据库（plant database）、耕作措施子数据库（operations database）。根据鹤北流域 2 号小流域和 8 号小流域及宾县实际土地利用信息建立土地利用/作物管理数据库。植被生长管理数据库基于 EPIC 模型，主要反映植被生长受到太阳辐射量的影响，考虑了湿度和温度对生物量和作物产量的影响。植被生长模型模拟了影响径流和侵蚀过程的植被变量时间变化，包含冠层盖度、冠层高度、根系生长状况、生物量等指标。

5.3.2 Geo-WEPP 模型率定与验证

运用水文模型或侵蚀模型时，参数与研究区实际情况紧密相连，对模型输出结果有重要影响，需进行率定。研究区环境复杂、参数众多，很多参数难以直接获取，需进行率定校准，即将模型参数在允许范围内进行调整，使模拟结果与实际结果相一致。

Geo-WEPP 模型数据库参数复杂，部分参数难以实际测量获取，需对敏感性参数进行率定和校准。模型中，对模拟结果影响较大的数据库是作物管理数据库和土壤数据库。作物管理数据库中敏感性参数包括冠层盖度、冠层高度、根系生长状况、生物量和叶面积指数等；土壤数据库中敏感性参数包括土壤饱和导水率（K_s）、土壤临界剪切力（τ_c）、细沟间土壤可蚀性（K_i）和细沟土壤可蚀性（K_r）等。

根据鹤北8号小流域实测土壤侵蚀强度，通过调整敏感性参数值模拟获得研究区土壤侵蚀强度并与实测值比较，按照相对误差绝对值不超过15%进行率定：

$$R_e=\frac{(\sigma_i-\mu_i)}{\mu_i}\times100\% \tag{4.15}$$

式中，R_e为相对误差；μ_i 为模型模拟结果；σ_i为实际观测结果。相对误差 R_e反映了实测结果与模拟结果的差异程度，R_e值越接近0，模拟结果越好；$R_e>0/R_e<0$ 分别表示模拟结果比实际结果偏大和模拟结果比实际结果偏小。

利用鹤北2号和8号小流域数据，完成敏感参数率定后输入模拟结果，获得流域侵蚀模数、输沙模数和径流模数（表5.10），且存在如下关系：

$$E_m=\frac{\mathrm{Sl}_{\mathrm{Loss}}+\mathrm{Cl}_{\mathrm{Loss}}}{S_{\mathrm{DR}}\times S_\gamma} \tag{4.16}$$

式中，E_m 为侵蚀模数［t/(km^2 · a)］；$\mathrm{Sl}_{\mathrm{Loss}}$为年坡面土壤流失量（t/a）；$\mathrm{Cl}_{\mathrm{Loss}}$为年河道土壤流失量（t/a）；$S_{\mathrm{DR}}$为泥沙输移比；$S_\gamma$流域总面积（km^2）。

$$R_m=\frac{W_\sigma}{S_\gamma} \tag{4.17}$$

式中，R_m 径流模数［m^3/(km^2 · a)］；W_σ为年流域出口径流量（m^3 · a）；S_γ为流域总面积（km^2）。

$$S_m=\frac{L_\sigma}{S_\gamma} \tag{4.18}$$

式中，S_m 为产沙模数［t/(km^2 · a)］；L_σ为年流域出口输沙量（m^3 · a）；S_γ 为流域总面积（km^2）。

表5.10　典型流域径流输沙模型模拟结果

流域	径流模数/［m^3/(km^2 · a)］	产沙模数/［t/(km^2 · a)］	侵蚀模数/［t/(km^2 · a)］
2号	81 051.67	216.15	943.59
8号	70 290.89	284.17	990.02

结果表明，8号小流域侵蚀模数的模拟结果与实测值接近，相对误差绝对值

仅0.05%（表5.11），误差较低，主要是因为该区土壤类型和土地利用方式较单一，宽垄农作物为玉米和大豆，构建数据库参数值变化小，模拟结果准确。

表5.11　8号小流域模拟结果统计

流域	实测侵蚀模数/[t/(km² · a)]	模拟侵蚀模数/[t/(km² · a)]	相对误差/%
8号	1039.10	990.02	0.05

5.3.3　典型流域土壤侵蚀格局分析

汇流路径是坡面侵蚀泥沙输移-沉积的基本通道，垄作长缓坡的汇流路径受沟垄和长缓地形共同影响，通过常规地形数据难以准确获取，对后期基于水文路径的水文模拟调控带来影响。为此，基于无人机可见光航测DEM获取了典型流域常规地形参数和土地利用情况，并利用ArcGIS软件水文分析模块，按照3m×3m像元的最大坡降算法获取了垄作长缓坡真实水文路径（图5.34）。分析认为，利用无人机航测获取的精细地形信息，能够提取自然地形和人为垄作双重影响下的特殊汇流路径，田块内多有平行分布的沟垄，田块间随坡长向下，在地洼处逐渐汇集形成集中水流，这是常规地形分析所无法获得的，据此开展模拟与调控更加符合垄作长缓的实际下垫面特征。通过设定不同阈值，可获得不同等级的汇流路径网络，结合无人机影像的侵蚀水毁沟部位解译，可进一步确定地块尺度的严重侵蚀部位及其地貌临界特征，这对垄作长缓坡的水土流失防治具有积极的指导意义。

根据Geo-WEPP模型模拟结果获得鹤北2号和8号小流域土壤侵蚀和产沙分布情况：白浆土106t/(km² · a)、黑土129t/(km² · a)、草甸土184t/(km² · a)（谢云等，2011）。按照该区不同土壤亚类的允许土壤流失量（T）进行土壤侵蚀分级：<1/4T为1级、1/4T～1/2T为2级，1/2T～3/4T为3级、3/4T～1T为4级、1T～2T为5级、2T～3T为6级、3T～4T为7级、>4T为8级。2号小流域面积为3.23km²，8号小流域面积为2.29km²，土壤侵蚀和产沙分级结果表明，2号和8号小流域土壤侵蚀1～8级均有分布。其中，2号小流域1～2级土壤流失面积占比为46.46%，3～4级土壤流失面积占比为32.42%，5级及以上土壤流失面积占比21.12%；8号小流域1～2级土壤流失面积占比为62.01%，3～4级土壤流失面积占比为25.95%，5级以上土壤流失面积占比12.04%。总体上，2号和8号小流域的土壤流失均以较低等级为主。

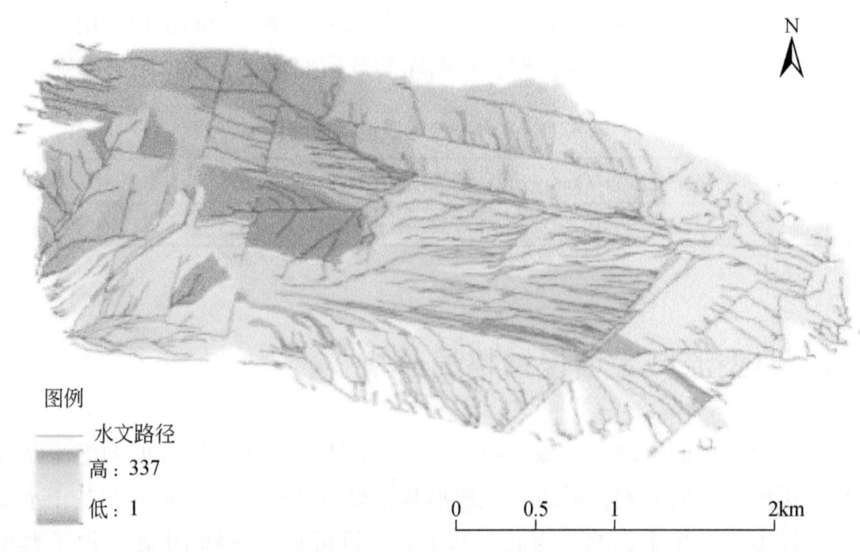

图 5.34　鹤北 2 号小流域基于无人机可见光航测 DEM 的汇流路径提取

2 号小流域产沙共分为 8 级，8 号小流域产沙共分为 6 级。其中，2 号流域 1 ~ 2 级产沙占流域总产沙的 45%，3 ~ 4 级产沙占流域总产沙的 30.53%，6 级及以上产沙占流域总产沙的 24.47%；8 号小流域 1 ~ 2 级产沙占流域总产沙的 47.3%，3 ~ 4 级产沙占流域总产沙的 45.43%（图 5.35 ~ 图 5.36）。

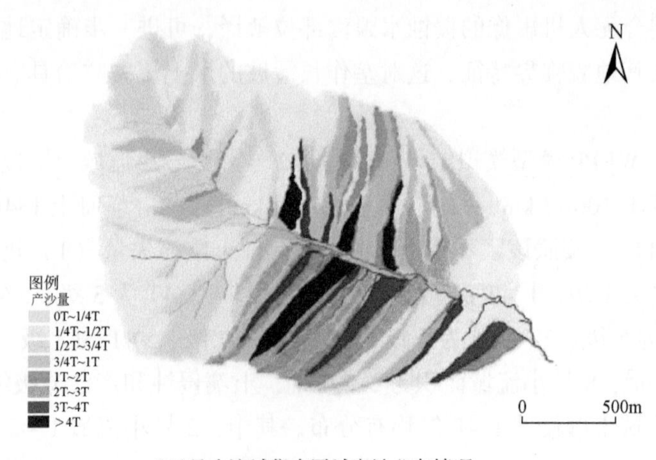

(a)2号小流域集水区域产沙分布情况

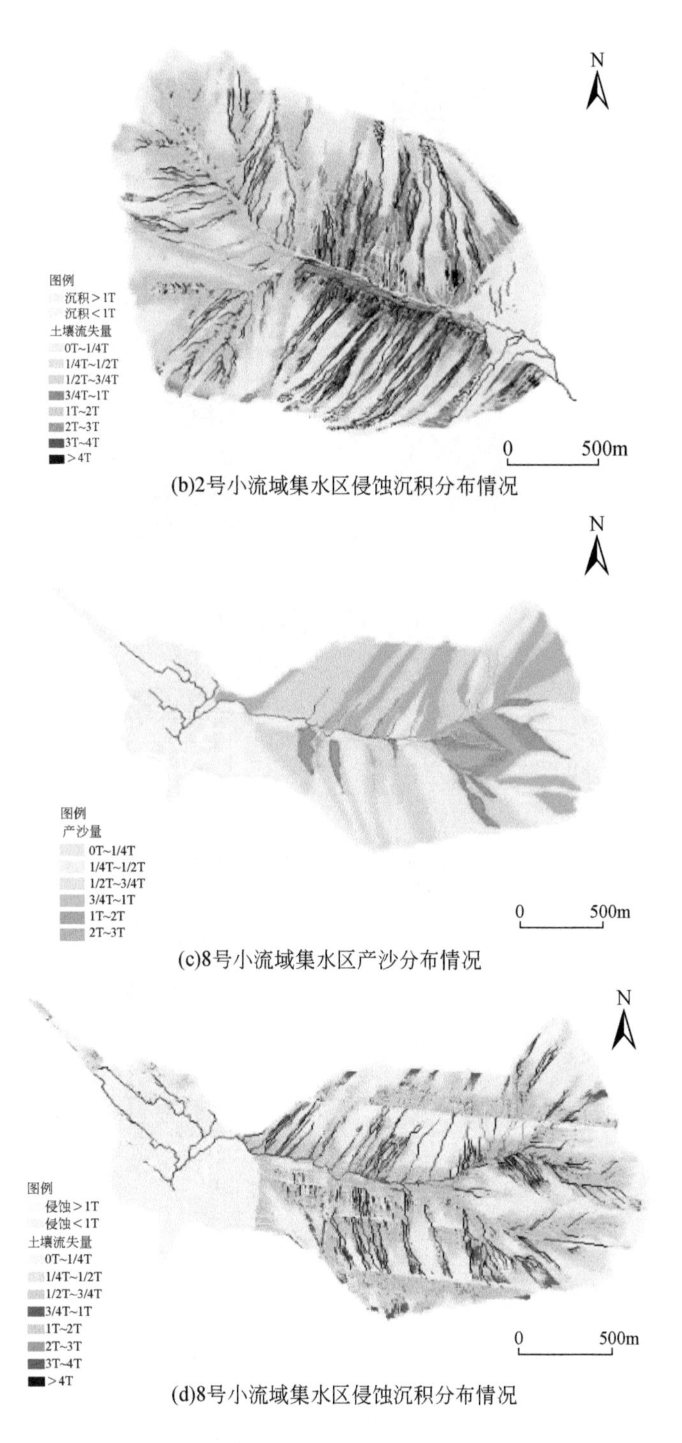

(b)2号小流域集水区侵蚀沉积分布情况

(c)8号小流域集水区产沙分布情况

(d)8号小流域集水区侵蚀沉积分布情况

图 5.35 鹤北流域典型集水区产沙与侵蚀沉积分布模拟结果

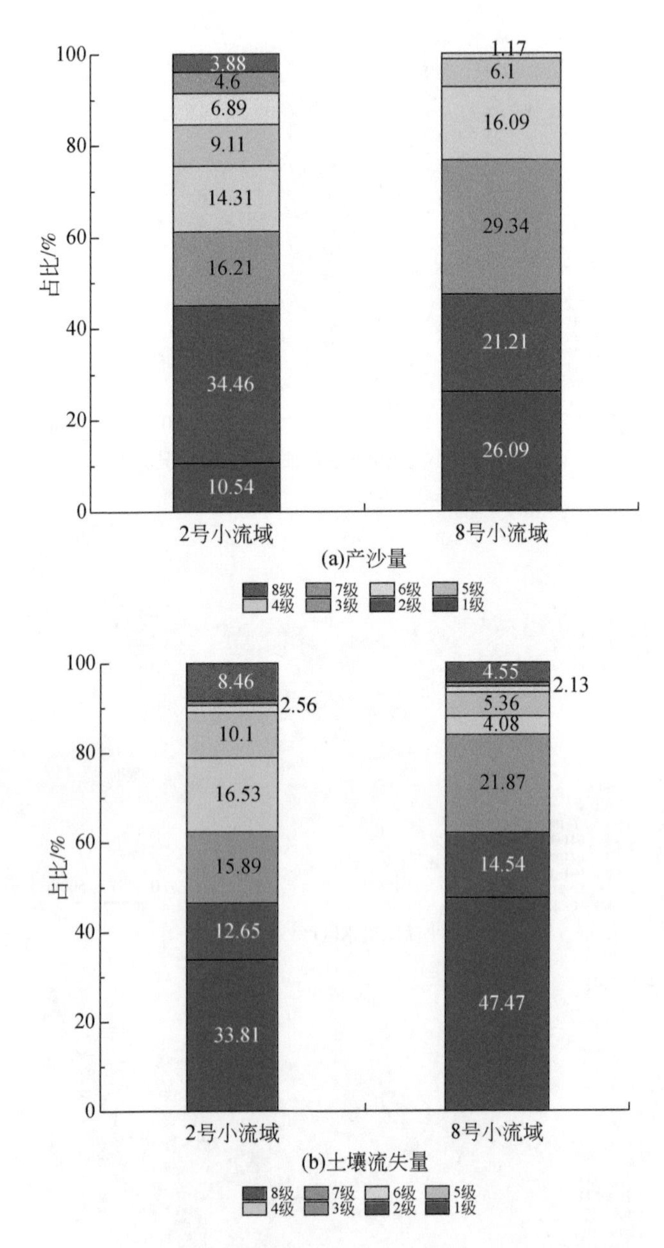

图 5.36　2 号和 8 号小流域产沙量占比与土壤流失量占比

模型模拟获得的流域土壤侵蚀和产沙分布表明，2 号小流域主要为机械化宽垄种植玉米、大豆和青储等作物的农田，土地利用类型单一，地势北高南低，坡度较缓，坡长较长，坡形较规则；以中间水文网络为界限，农田防护林地几乎不发生土壤侵蚀和产沙，流域上半部分（北部）土壤侵蚀和产沙明显小于下半部分（南部）。这主要是由于流域北部地势高于南部，但整体平缓，地表径流向地势较低的南部处汇集，更容易造成冲刷并形成侵蚀沟。8 号小流域同样为机械化宽垄种植玉米、大豆和青储等作物的农田，与农田主风向平行布设有大片防风林带，地势南高北低，坡长较长，地形规则；土壤侵蚀和产沙成条带式分布，防风林带所在位置的土壤侵蚀和产沙较小。

5.4 本章小结

1）通过地跨不同气候带的 3 个典型气象站点多年降雨、积雪、风速等气象指标，以及植被覆盖年变化的遥感影像分析，参照无人机地形勘测天气和地表要求，确定了无人机地形勘察适宜窗口期：寒温带 4 月中旬至 5 月初；中温带 4 月中旬至 5 月中旬；暖温带 3 月中旬至 4 月底、9 月底至 11 月初。

2）在东北漫川漫岗区的黑龙江鹤北 2 号小流域，分别采用无人机航空摄影、机载激光雷达获取垄作长缓坡高精度地形数据，以激光雷达数据为基准，对比发现，对于裸露地表，无人机摄影测量可获得相同精度地形信息，并有效反映沟垄对地表起伏等特征的影响。

3）为快速获取不同垄作情境下的高精度地形数据，利用 ArcGIS Engine 组件库，开发了“坡面田垄 DEM 自动生成处理工具”。其能通过原始地形和规划沟垄叠加，自动生成反映沟垄变化的数字地形。典型应用分析发现，沟垄填充或垄向变化后，坡面糙度显著变化，表现为垄沟回填坡面<原有斜坡宽垄坡面<横坡宽垄坡面，坡度和坡向则未明显变化，说明该工具能在不影响原有整体地形的同时，良好反映沟垄变化对地形的影响，从而为开展精细化地表过程模拟提供基础支撑。

4）基于高精地形和地表覆盖信息，采用 Geo-WEPP 模型完成敏感参数率定后，对黑龙江鹤北 2 号和 8 号小流域进行了侵蚀产沙模拟。结果表明，模拟结果能反映小流域侵蚀沉积空间分布，且 8 号小流域多年平均侵蚀模数的模拟值较实测值相对误差仅 0.05%，具备支撑措施优化布局的应用潜力。

6 生态节地型坡面理水防蚀技术

本章将围绕东北黑土区现有坡面水土保持措施普遍存在的占地多、扰动强、难落地等问题，基于垄作长缓坡土壤侵蚀规律，以少占地、弱扰动、促增产为核心，研发提出分别针对漫川漫岗和的宽面梯田、综合地形-土层分异的水土保持措施配置方法等生态节地型坡面理水减蚀工程技术。针对低山丘陵区水平梯田措施施存在的主要问题，提出改进措施，并进行试验示范。上述成果可丰富东北黑土区农田水土保持措施体系，为全面建立适应东北自然-社会特点的生态-生产双赢的黑土地保护模式提供支撑，从而增强黑土地分类精准治理能力。

6.1 长缓坡耕地宽面梯田水土保持新措施

鉴于目前水平梯田等水土保持工程措施受制于占地多、扰动强、影响耕作而在长缓坡耕地不易应用的问题，以及该区截断汇流路径、控制水土流失的现实需要，针对长缓垄作坡耕地，提出通过适当挖填，改变局部地形高低，形成仿拟波浪状起伏的坡型（图 6.1），利用形似波峰的上凸坡段截断汇流坡长、拦截地表上坡水沙，形似波谷的下凹坡段促进径流入渗、增加泥沙沉积，从而在基本不占地和不影响传统耕种的同时实现理水减蚀（图 6.2）。地形调整后，一个坡段单元包括两个上凸的波峰状地形和一个下凹的波谷状地形，统称一个田面，多个田面相连形成一块宽面梯田，并提出了系列关键设计参数的确定方法与建议取值。

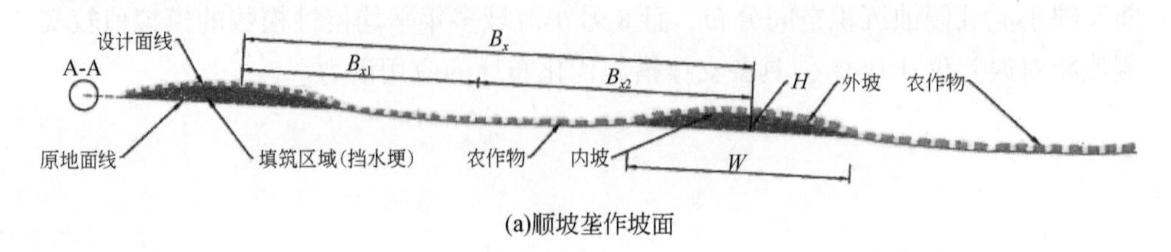

(a)顺坡垄作坡面

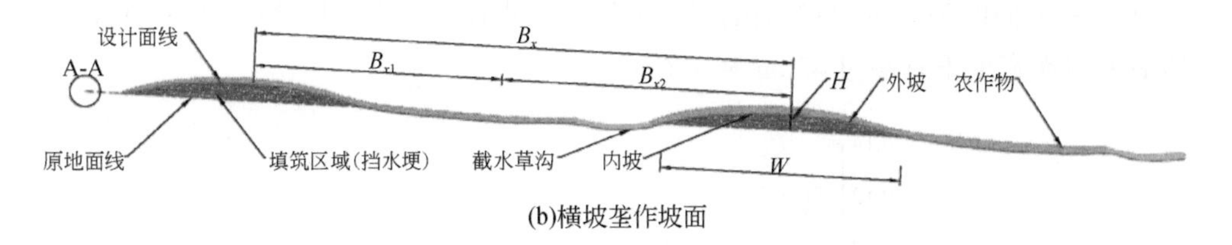

(b)横坡垄作坡面

图 6.1　垄作长缓坡宽面梯田设计示意图

图 6.2　垄作长缓坡宽面梯田示意和效果图

6.1.1　基于浅沟侵蚀沟临界地形的田面宽度最大值

根据在黑龙江鹤北小流域的垄作长缓坡浅沟调查结果，该区浅沟侵蚀发生的汇水面积介于 1.3～10.6hm^2，上坡汇流坡长介于 104～881m，沟头部位汇流坡降介于 2.9°～7.5°。将浅沟侵蚀的上坡汇流坡长（L_E）与对应的沟头汇流坡降（S_E）点绘在对数坐标中，可获得浅沟侵蚀发生的地形分布，散点集分布区域的下限切线，即为浅沟侵蚀发生的临界地形阈值（图 6.3）。当坡降取宽面梯田适用的上限坡度 5°时，对应的上坡汇流坡长为 106m，因此为避免浅沟侵蚀出现，此时的5°坡面的最大宽面梯田田面宽度不宜超过106m。同理，坡面为3°和4°时的最大田面宽度不宜超过430m和136m。

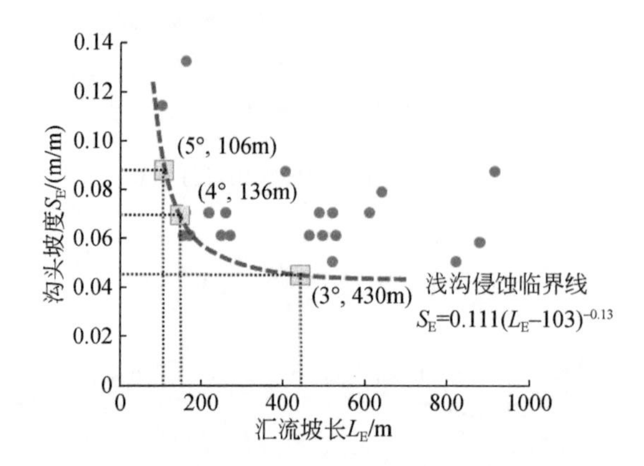

图6.3　浅沟汇流坡长和沟头坡度临界关系

6.1.2　考虑机械化耕作需要的田面宽度最小值

东北地区机械化耕作普遍，为便于农机耕作，需留一定田面宽度，将宽面梯田最小田面宽度确定为15m。

6.1.3　基于容许土壤流失量的田面宽度推荐值

每个田面均由上部挡水埂外坡及下延段（B_{x1}）、下部挡水埂内坡及上延段（B_{x2}）共同组成，且两段长度相当。两个坡段的土壤侵蚀量，均可采用中国土壤流失方程（Chinese soil loss equation，CSLE）计算，相应坡长按容许土壤流失量和其他相关因子反推，即在一定覆盖和坡度下，使土壤流失不超过容许土壤流失量所对应的最大坡长。据此原理，田面宽度推荐值可按下式计算：

$$B_x = B_{x1} + B_{x2} = 2\lambda = 40\left(\frac{A_T}{R_T \cdot K \cdot S \cdot B \cdot E \cdot T}\right)^{1/m} \tag{6.1}$$

式中，λ 为坡面（段）投影坡长（m）；其余参数因子按如下算法或方式确定：

1）A_T为坡面多年平均土壤流失量［t/(hm^2·a)］，本书中取典型黑土区容许土壤流失量上限，为2.0t/(hm^2·a)。

2）R_T为区域年均降雨-径流侵蚀力［MJ·mm/(hm^2·h·a)］，为降雨和融雪径流侵蚀力之和，按下式计算：$R_T = 0.0668P^{1.6266}$，P 为年均降水量（mm）。

3）K 为土壤可蚀性因子［t · hm² · a/(hm² · MJ · mm)］。若无实测资料，采用东北典型黑土可蚀性因子值，取 0.0381。

4）L 为坡长因子，无量纲。依据坡面（段）投影坡长计算：$L=(\lambda/20)^m$。m 为坡长指数，θ 为坡地坡度（°）；当 $\theta \leqslant 0.5°$ 时，m 取 0.2；当 $0.5°<\theta \leqslant 1.5°$ 时，m 取 0.3；为 $1.5°<\theta \leqslant 3°$ 时，m 取 0.4；当 $\theta>3°$ 时，m 取 0.5。

5）S 为坡度因子，无量纲。依据坡面坡度计算：$S=10.8\sin\theta+0.03$。

6）B、T 和 E 分别为生物措施因子、耕作措施因子和工程措施因子，分别表示生物措施、工程措施和耕作措施下的土壤流失量与标准小区土壤流失量比值。

针对垄作坡耕地修筑宽面梯田后的下垫面状况，考虑顺坡垄作和横坡垄作两种耕种方式及宽面梯田作为工程措施对水土流失的影响，其中顺坡起垄耕作因作物覆盖可较裸露坡地减少水土流失，其作用以生物措施因子反映；横坡垄作既有作物覆盖，又是一种水土保持耕作措施，较裸露坡地有更好的减少水土流失的效果，其作用以生物措施因子和耕作措施因子反映。与原状直型坡相比，修筑宽面梯田后，其形似波谷的下凹田面可增加径流入渗和泥沙沉积，形似波峰的上凸状田埂可截断汇流坡长、拦截上坡水沙，其作用原理与地埂措施相近，效果优于单纯地埂。因此，将宽面梯田的水土保持作用以工程措施因子反映，并以地埂植物带的工程措施因子值作为下限进行设计。上述因子值根据设计区域的径流小区的实测资料确定，无资料时可取本书给出的参考值。

根据吉林东辽杏木、梅河口吉兴，黑龙江鹤北、宾县三岔河等地 15 个径流小区多年观测资料，换算确定了生物、工程和耕作措施因子取值（图 6.4）。

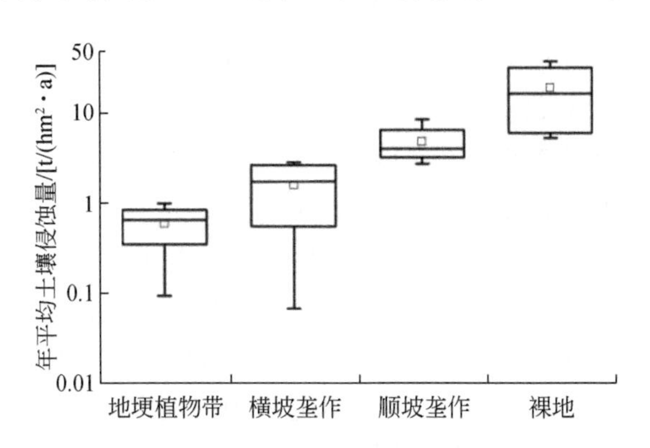

图 6.4　东北黑土区 4 种下垫面条件下的年均标准土壤流失量

根据上述设计方法和参数取值，计算了顺坡垄作、横坡垄作两种耕种方式下，不同降雨和坡度条件对应的宽面梯田田面宽度（B_x）推荐设计值（表6.1）。不同地区可直接参考应用，或酌情调整。

表6.1　不同条件下垄作长缓坡宽面梯田田面宽度（B_x）推荐取值（单位：m）

垄作方式	坡度	降雨量								
		400mm	450mm	500mm	550mm	600mm	650mm	700mm	750mm	800mm
顺坡垄作	2°	160	99	64	44	31	22	16	15	15
	3°	62	38	25	17	15	15	15	15	15
	4°	33	23	16	15	15	15	15	15	15
	5°	22	15	15	15	15	15	15	15	15
横坡垄作	2°	200	200	200	200	200	164	121	91	70
	3°	200	200	184	125	88	63	47	35	27
	4°	130	112	80	59	44	34	27	21	17
	5°	100	73	52	38	29	22	17	15	15

6.1.4　宽面梯田低扰动修筑工序

为减少传统坡面水土保持措施实施过程对表土的开挖扰动，根据宽面梯田措施特点，优化设计了低扰动修筑工序（图6.5）。主要包括划分地块、确定规格、修筑挡土埂、修筑草水沟等4个过程。

1）根据实施范围的地形、垄向和土地利用信息，将其划分若干规划地块，即若干耕作方式一致的独立汇水坡面，再对每个地块逐一设计、实施。若规划对象仅为单独地块，则直接设计、实施。

2）针对独立地块，采用前述方法确定宽面梯田的田面宽度、排水草沟（路）间距，并根据地块面积确定出需要修筑的拦水埂条数。

3）按照设计的拦水埂条数，自坡下向上逐个修筑。修筑每个拦水埂时，先确定基线，该线为水平或基本水平，对应内坡和外坡的交界线，力求大弯就势、小弯取直，曲率半径不小于50m。基线跨越洼地的地方，后续修筑拦水埂时应加高培厚，尽量使拦水埂顶部平顺。因坡长较大，每个拦水埂的修筑应以基线为基础，使用分土器和筑埂犁，将基线上、下分别开挖，就近从其上坡段和下坡段挖取表土，向中间堆填，并可采用人机结合方式修筑。

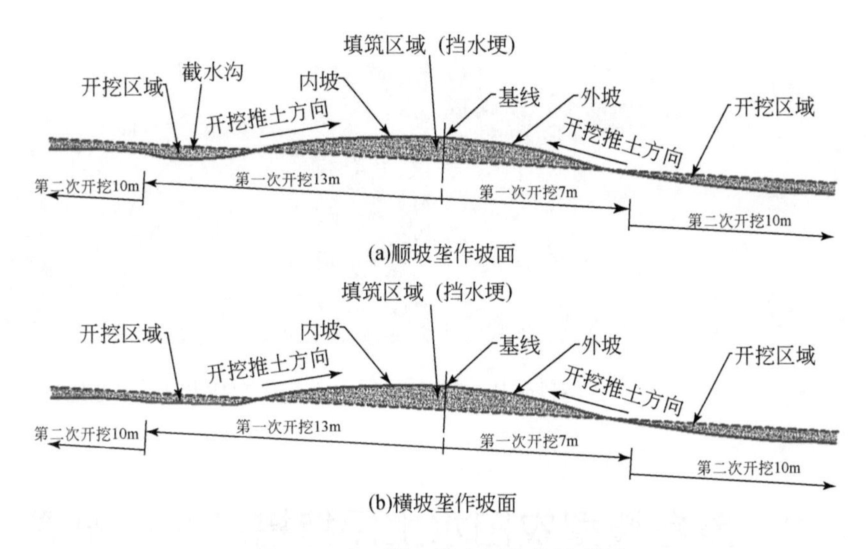

图 6.5　宽面梯田挡水埂修筑示意图

4）若利用现状坡面汇水线或侵蚀沟作为纵向排水草沟（路），则可与侵蚀沟治理及沟内的植被恢复相结合。若新建纵向排水草沟（路），则断面开挖完成后，对初露的原土层进行杂物清理和适当平整，再撒播植草或铺植草皮。草种可选择黑麦草、三叶草、狗芽根、小冠花等。排水草沟（路）开挖剩余表土可均匀回填至宽面梯田开挖坡段。对于因顺坡垄作而需在挡水埂内坡坡脚设置的宽浅截水沟，应与纵向排水草沟（路）一并撒播植草。同时，顺坡垄作时设置的宽浅截水沟或后期横坡垄作形成的垄沟，均应与纵向排水草沟（路）连通。

6.1.5　宽面梯田试验示范与效果

针对已申报专利的上述技术［垄作长缓坡耕地宽面梯田及其修筑方法（CN 111155499 A）］，在吉林东辽杏木水土保持科研基地建立试验示范地块（图 6.6），检验该技术的实际效果。通过观测对比，宽面梯田水土保持工程技术可较传统顺坡耕作减少径流 62.3%、减少侵蚀 68.7%，较坡式梯田和横坡改垄的单位面积投资分别降低 42.6% 和 55.4%，较传统梯田等措施，单位公顷节约占地 $200m^2$，增产 450 斤①（按玉米算）。

① 1 斤=500g。

图 6.6 东辽杏木水土保持科研基地宽面梯田水土保持工程技术试验示范地块

6.2 复合坡型农田水土保持措施优化配置

集水坡面是土壤侵蚀，尤其是水力侵蚀发生、发展的完整地貌单元，也是东北地区耕种经营的基本单元。东北低山丘陵区地形起伏多变，加之水力侵蚀和长期人为耕作的共同影响，使得集水坡面内的坡顶至坡脚普遍存在坡度和表层耕作土层厚度的沿程变化。坡度是决定坡面土壤侵蚀的重要因素，坡度越大侵蚀强度越高，相应需要补充不同的水土保持措施。尤其在东北地区，地形整体长缓，坡面坡度变化对土壤侵蚀强度及适应水土保持措施的影响更为敏感。同时，坡面水土保持措施实施过程中，通常需要对布设措施的坡耕地进行必要的开挖翻扰，如地埂植物带等生物措施实施时，需要进行一定范围的表土开挖以堆筑地埂，并适当整地以栽植植物；水平梯田等工程措施实施时，更需要对坡面进行全面开挖、回填，以降低坡度、修整坡型。当表层肥沃土壤较厚时，以上布设措施的扰动过程，主要改变土壤紧实度等物理性状，对后期的土地生产力影响不大；而当表层肥沃土壤较薄时，上述扰动过程将使表层土壤与其下伏黄土母质大量混合，会导致措施实施后的耕地生产力明显下降。因此，在东北地区，尤其低山丘陵区进行坡耕地水土流失治理时，应当综合考虑坡度、土层厚度进行措施选择和配置，以便在水土保持功能提升和土地生产力维护两方面获得最佳综合效益。

然而，目前在东北低山丘陵区选用和配置水土保持措施，通常单纯依据坡度大小，且以坡顶到坡脚的整个坡面为最小单元，进行措施选择与布设，即一个坡面单元内通常按其平均坡度，统一采用相同措施。由于忽略了坡形起伏变化及不同坡段侵蚀沉积造成的土层厚度差异，会导致措施布局不合理、不精细，综合效益欠佳等问题。为此，本研究提出根据地形划定集水坡面，综合考虑坡耕地不同坡段的坡度和土层厚度空间分异特点，依据不同水土保持措施的适用地形条件和扰动状况，针对不同坡段选用最适宜的措施，并在满足土壤侵蚀控制目标的前提下，尽量减少同一集水坡面内的措施种类，注重措施间的径流顺接排导，从而在坡型和土层多变的集水坡面内，实现水土保持措施分段精准配置与复合高效组合。该方法对于减少东北地区的坡耕地水土流失，加强黑土地保护和维护国家粮食安全具有重要意义。

6.2.1 坡面水土保持复合措施配置技术要点

应用本方法进行东北低山丘陵区坡耕地水土保持措施配置时，具体包括5个技术步骤，依次为：①根据地形起伏，划定复合措施配置单元；②根据集水坡面内的坡度变化差异，划分配置具体措施的坡段；③根据土层厚度，确定不同坡段单元配置措施的类型；④综合考虑不同坡段的坡度与土层厚度，确定具体适宜的水土保持措施；⑤根据集水坡面的整体状况，完善径流排导等配套措施。

（1）划定复合措施配置单元

坡面地形是自然坡面在水土流失和人为耕作等因素共同作用的结果，也反过来直接决定坡面产汇流路径和产输沙过程。集水坡面是分水岭与汇水线所包围的相对封闭、完整的地块单元，以及土壤侵蚀尤其水力侵蚀发生、发展的基本单元，往往也是东北地区耕种经营的最小地块。因此，本技术将集水坡面作为复合措施配置的空间对象。

实施过程：直接收集措施规划区域的数字地形或数字高程图，或使用无人机（RTK版）、全站仪、三维激光扫描仪等勘测设备现场获取规划区域的数字地形数据，借助常规地理信息系统或地形分析软件提取分水线和汇水线，并结合河流、沟渠分布，将规划区域内的坡耕地划分为若干集水坡面，作为复合措施配置的基本单元。根据水土流失防治工作需要及数据处理效率等限制因素，规划区域一般以小流域为对象，面积不宜超过50km^2，所划定的集水坡面面积一般宜介于2~10hm^2。

（2）测定坡度与划分坡段

坡度是决定坡面侵蚀强度的重要因素，坡度越大侵蚀强度越高。尤其在东北地区，坡耕地土壤侵蚀强度与坡度的关系密切，一般坡度每增大1°，土壤侵蚀强度增加1000t/(km^2·a)以上，且坡度越陡、增幅越大（图6.7）。东北低山丘陵区的集水坡面，从坡顶到坡脚的坡度一般随坡型起伏存在变化，导致不同坡段间具有不同强度的土壤侵蚀，适宜不同的水土保持措施。因此，为了精准配置坡面水土保持措施，就需要针对不同坡段的坡型、坡度变化，选择各自适宜的水土保持措施，形成复合措施体系。根据《土壤侵蚀分类分级标准》（SL 190—2007）和《黑土区水土流失综合防治技术标准》（SL 446—2009），结合东北低山丘陵区坡耕地坡型变化特点及不同坡度所适宜的水土保持措施，可基于坡度将各坡段划定为不同等级。其中，≤3°划为平坡，3°～5°划为缓坡，>5°划为陡坡。划定的坡段，作为选择和配置具体水土保持措施的最小地块单元。

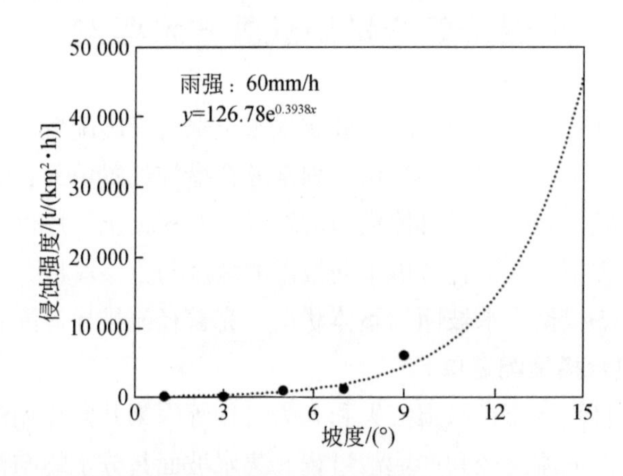

图 6.7　东北黑土区土壤侵蚀强度随坡度的变化

实施过程：在每个划定的集水坡面内，以分水岭、汇水线及整个坡面内坡型地势存在较大转折或坡面曲率绝对值最大的位置为界，初步将坡面自上而下或自下而上划分为不同坡段，再使用经纬仪、水平仪等设备或其他方式测定各个坡段的坡度，将坡度一致或者相近的连续坡段合并为一个坡段，并依据其平均坡度判定坡度等级，作为选择和配置具体水土保持措施的最小地块单元（图 6.8）。为确保实际操作的可行性，并阻控浅沟侵蚀发生，所划分的措施配置坡段，坡长以控制在 10～100m 为宜。

（3）坡段表层土壤厚度测定与分类

在东北黑土区，土壤多为分层结构，上层为黑土层，土壤有机质含量高、肥力充足，向下依次为过渡层、淀积层和母质层，均质地黏重、有机质含量低，生产力低下，且过渡层和沉淀层极薄，而母质层土壤理化性状最差。由于长期重用轻养的耕种利用方式，坡耕地的上层黑土层多严重流失，其厚度一般仅有 20～60cm，部分地方已不足 20cm，甚至流失殆尽。同时，梯田、地埂植物带等坡面

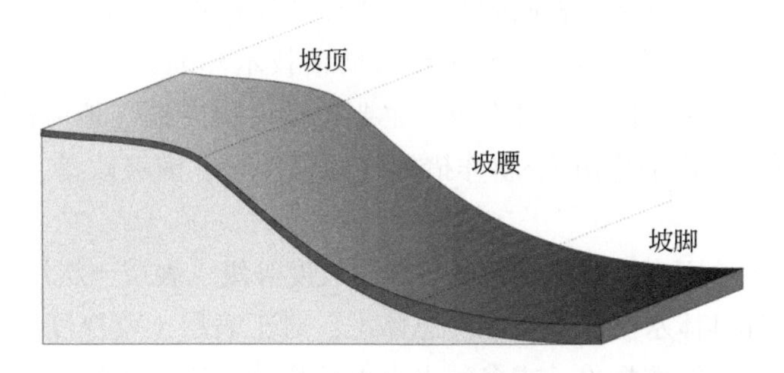

图 6.8　东北低山丘陵区典型坡面的坡段划分示意图

水土保持措施实施过程中，需对治理地块进行必要的开挖翻扰，如水平梯田需对田面进行全面开挖、回填，以降低坡度、修整坡型；地埂植物带需对一定宽度范围的坡面进行表土开挖以堆筑地埂，并进行适当整地以栽植植物。当坡耕地的表层土壤较厚时，布设措施的扰动过程仅改变土壤紧实度等物理性状，对土地生产力影响不大，而当表层土壤较薄时，布设措施的扰动过程将使表层土壤与黄土母质为主的下层土壤相互混合，导致措施实施后的耕地生产力明显下降。因此，对于表层土壤较薄的坡段，除坡度以外，还应考虑表层土壤厚度对措施扰动深度的限制，尽量选择翻扰较小或不翻扰表层土壤的水土保持措施，以便在减少土壤流失的同时最大限度维护土地生产力。鉴于东北地区维持作物正常生长的临界土层厚度一般为 20cm，而许多坡面水土保持措施对土壤的翻扰深度多介于 20 ~ 30cm，因此将 20cm 作为表层土壤厚度的类别判别标准：表层土壤厚度大于 20cm 时，仅根据坡度选择水土保持功能最佳的措施；表层土壤厚度不足 20cm 时，需首先排除翻扰较深的水土保持，再根据坡度选择适宜的水土保持措施。

实施过程：在所有划定的坡段内，采用 S 形、梅花形或对角线取样法，至少采集 3 个样品。每个样品使用半圆凿钻采集土样（直径一般为 4cm），取样深度 30cm，并以 10cm 为间隔将土样按顺序分层放入铝盒。为消除土壤湿度影响，待样品风干后，基于《中国标准土壤色卡》，对每个土样不同深度的土壤进行颜色比对，确定土壤类型。当生产力较高的土壤厚度不足 20cm 时，视为薄层土样。当一个坡段内确定为薄层土样的数量占土样总数 50% 或以上时，将该坡段视为表层土壤厚度不足 20cm。

（4）坡段水土保持措施选择及其坡面配置

在划定的集水坡面内，对每个坡段根据其坡度等级和表层土壤厚度类别，分别选择适宜的水土保持措施。各坡段若存在多种可选措施时，应遵循同一集水坡面内不同坡段布设措施尽量相同的原则，进行选择和调整，以提高可操作性和降低实施成本。参考《黑土区水土流失综合防治技术标准》（SL 446—2009）等，备选措施均在东北黑土区常见且有效，主要包括生物措施（地埂植物带）、工程措施（坡式梯田、水平梯田）、耕作措施（原位深松、横坡改垄、垄向区田、少耕免耕）3类。

在同一集水坡面内，根据确定的各坡段坡度等级、表层土壤厚度类别，对照措施配置表选择具体水土保持措施。总体上，对于表层土壤厚度大于20cm的坡段，仅依据坡度等级选择单一或多种水土保持措施；表层土壤厚度不足20cm的坡段，除坡度等级外，还需考虑表层土壤厚度对措施实施的限制（表6.2）。具体而言：

1）当坡段坡度小于3°（平坡）时，只采用耕作措施，若表层土壤厚度大于20cm，可选用的耕作措施有横坡改垄或垄向区田；表层土壤厚度不足20cm则可选用的措施有原位深松或横坡改垄。

2）坡段坡度为3°~5°（缓坡）时，宜采取生物措施与耕作措施复合配置，若表层土壤厚度大于20cm，生物措施可选用地埂植物带，耕作措施可选用少耕免耕、横坡改垄或垄向区田；若表层土壤厚度不足20cm，生物措施仍选用地埂植物带，耕作措施可选用原位深松、少耕免耕或横坡改垄。

3）坡段坡度大于5°（陡坡）时，宜采取工程措施和耕作措施复合配置，若表层土壤厚度大于20cm，工程措施可选用水平梯田，耕作措施可选用少耕免耕或横坡改垄；若表层土壤厚度不足20cm，工程措施应选用坡式梯田（田面保持原有坡型，仅修筑梯田田埂，减少对坡面土壤翻扰），耕作措施可选用原位深松、少耕免耕或横坡改垄。

表6.2 综合地形–土层分异的水土保持措施复合配置组合

坡度	坡级	土层厚度	生物措施	工程措施		耕作措施			
<3°	平坡	>20cm	—	—	—	—	—	横坡改垄	垄向区田
<3°	平坡	≤20cm	—	—	—	原位深松	—	横坡改垄	—
3°~5°	缓坡	>20cm	地埂植物带	—	—	—	少耕免耕	横坡改垄	垄向区田
3°~5°	缓坡	≤20cm	地埂植物带	—	—	原位深松	少耕免耕	横坡改垄	—
>5°	陡坡	>20cm	—	—	水平梯田	—	少耕免耕	横坡改垄	—
>5°	陡坡	≤20cm	—	坡式梯田	—	原位深松	少耕免耕	横坡改垄	—

6.2.2 坡面水土保持复合措施配置应用示范

在吉林省东辽县安石镇杏木村选择典型坡耕地（125°22′40″E ~ 125°26′10″E，42°58′05″N ~ 43°01′40N），进行了坡面水土保持复合措施配置的实际应用与示范。按照 6.2.1 节的实施步骤，经地形坡度和土层厚度测定结果，划定出的集水坡面积占地 35 亩，自坡顶到坡脚，可划分为上坡（A）、中坡（B）、下坡（C）3 段。其中，A 段属平均表层土壤厚度不足 20cm 的陡坡，B 段属平均表层土壤厚度不足 20cm 的缓坡，C 段属平均表层土壤厚度大于 20cm 的平坡（图 6.9）。

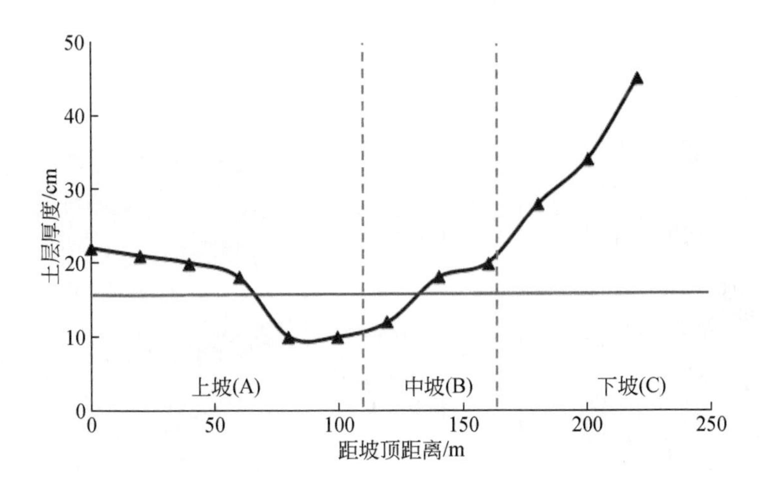

图 6.9 坡耕地不同坡位的土层厚度变化

按照综合坡形-土层分异的坡耕地水土保持复合措施配置方法，最终提出 A 坡段选用坡式梯田+横坡改垄、B 坡段选用地埂植物带+横坡改垄、C 坡段选用少耕免耕的坡面复合措施配置模式。同时，为提升坡面径流排导能力，将不同坡段的措施形成有机整体，在集水坡面单元周边汇水线布设生态草沟和石笼谷坊（图 6.10和图 6.11）。

通过观测对比，上述措施配置较传统全坡面单一布设水平梯田的治理方式，减少措施占地宽度 0.5 ~ 1m，并可避免治理当年 3% 左右的作物减产，土壤侵蚀均可控制到允许流失量以下。

图 6.10　吉林省东辽县安石镇杏木村坡面水土保持复合配置试验示范地块

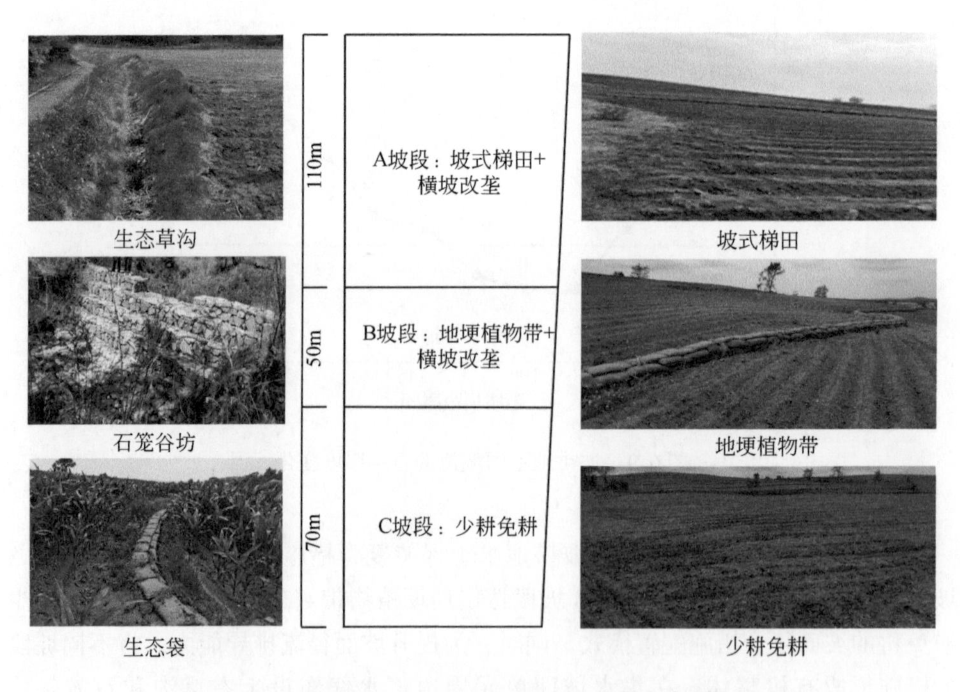

图 6.11　综合地形–土层分异的水土保持措施复合配置示意

6.3　低山丘陵区坡耕地水平梯田措施改进

结合在吉林省柳河、辉南、敦化和东辽 4 县（市）36 个典型样区开展的坡面水土保持效益评价调查，重点针对坡面水土保持工程措施存在的问题，同步开展分析诊断。

6.3.1 坡耕地水平梯田措施问题诊断

(1) 修筑方面

水平梯田建成后运行效果受修筑过程影响，机械与人工修筑过程是否合理、修筑工序是否科学直接影响工程运行效果。调查发现，当水平梯田的田面修筑不够平整时，将导致田面内的地表径流向低洼处汇集，最终会冲破埂坎、冲毁田面，发育形成侵蚀沟（图6.12）。同时，修筑过程中，如大面积强烈翻扰原始坡面，则将导致下层土壤的母质或石砾等与表层耕作土层混合，降低梯田耕作土层的生产力，导致作物减产。

图6.12 调查样区田面不平的水平梯田遭遇水毁

(2) 设计方面

调查发现，一方面，部分水平梯田的埂坎植被生长较差、覆盖度低，削弱了梯田拦蓄径流和泥沙的能力，田坎边坡易形成细沟（图6.13和图6.14）。另一方面，田面过宽或田坎过高的梯田，整体的稳定性偏低，易于出现冲蚀损毁，当边坡两侧设置围挡后，可有效稳固梯田边坡，降低径流冲刷（图6.15和图6.16）。此外，坡长较长且坡度和土壤在各坡段存在较大变化的坡面，若统一按相同类型和规格的梯田粗放设计，后期保存率较低，表明措施适宜性有待提高。

图 6.13　缺少田埂的梯田

图 6.14　田坎过高的梯田

图 6.15　有边坡围挡的梯田

(3) 配套方面

调查发现，水平梯田的田面周边围挡措施与田块间的排水措施普遍缺乏，汇流冲刷严重，同时埂坎植物或其他材料覆盖措施多未布设、大多裸露，沟蚀垮塌易发多发（图 6.17）。由于该区雨季多短历时集中降雨，水平梯田田面拦蓄的径流难以在降雨过程中全部入渗，并完全控制在埂内。因此，必须配套设计截水沟、排水沟等径流排导设施，同时提高埂坎和沟渠的植被覆盖，以避免径流集中后无法顺利排导，冲毁埂坎，发育形成侵蚀沟。

图 6.16　没有边坡围挡的梯田

图 6.17　埂坎植物

(4) 管护方面

调查区域的水平梯田埂坎多为土质，修筑后若缺乏管护，将出现埂坎植被退化，局部水毁未能及时修复时会造成大面损毁。同时，田间占地的水土保持措施由于影响耕作，可能会被人为破坏。因此，加强巡查和修缮等定期管护，对维持坡面工程措施水土保持功能十分重要。

总体上，现有水平梯田措施主要存在体系不完善、设计不精细、动土扰动强等问题，严重影响水土保持功能持续稳定发挥及大范围推广应用（表6.3）。

表6.3　东北低山丘陵区水平梯田措施存在的主要问题

问题类别	具体问题
修筑方面	田面不平，径流向低洼汇集，冲破埂坎，形成沟蚀；开挖面积大，翻扰厚度深，建成后耕层多含生土和砾石，导致减产
设计方面	埂坎若无植被覆盖，梯田水土保持功能降低，且边坡易形成细沟；田面过宽或田坎过高，导致梯田易被冲毁垮塌；整个坡面按统一梯田类型及规格粗放设计，措施适宜性不高，不易推广
配套方面	田面周边的围挡措施和田块之间的排水措施普遍缺乏，汇流冲刷严重；埂坎植物或其他材料覆盖措施多未布设、大多裸露，沟蚀垮塌易发多发
管护方面	梯田埂坎多为土质，缺乏后续管护易出现埂坎植被退化、局部水毁扩张和耕种破坏

针对现有坡面水土保持工程措施，尤其是水平梯田措施存在的不足，提出了生态埂坎（梯田或地地埂植物带的埂坎采用生态膜袋砌筑或种植苜蓿、黄花菜等高效水土保持植物）、石笼/生态袋梯田侧坡防护等低山丘陵区坡面水土保持工程配套优化措施，以及针对侵蚀沟坡的生态植桩护坡技术等，以进一步减少现有措施占地面积，提升其保存效果，并在吉林省东辽县杏木小流域和金州乡建立了试验示范地块（图6.18）。

(a)生态埂坎配套措施示范地块

(b)梯田侧坡防护配套措施示范地块

图6.18　低山丘陵区坡面水土保持工程配套优化措施试验示范

6.3.2 低山丘陵区坡面水土保持工程措施改进

(1) 梯田生态埂坎

通过对吉林省黑土区坡耕地近年来坡改梯工程保存和损毁的调查发现，工程埂坎保存率仅50%左右，现存埂坎植被覆盖度不高，多存在细沟侵蚀，且由于占地多而容易被耕作破坏。为此提出了以生态膜袋装土垒砌构筑梯田埂坎的改进技术。根据试验测算，该方法具有占地少、易实施、植被易恢复和保存效果好等特点。以田埂高1.0m的梯田为例，土坎梯田埂坎宽1.0m，生态埂坎坡度可大于60°，减少埂坎占地50%以上；膜袋内的草籽能快速生长，并在膜袋的保墒作用下得以长期保存，在东北低山丘陵区的坡耕地水土流失防治具备良好推广价值(剖面设计见图6.19，实施效果见图6.20)。

(2) 梯田侧坡防护

通过调查发现，吉林省水土保持重点工程项目区的梯田，普遍存在下半部分田面高于两侧作业路，雨季田面汇水通过垄沟排出田面，冲毁道路，形成沟蚀等问题。为此，提出采用生态膜袋或石笼在梯田两侧高于原坡面部位修筑侧坡防护，以保护梯田侧坡及道路的改进技术（实施效果见图6.21）。

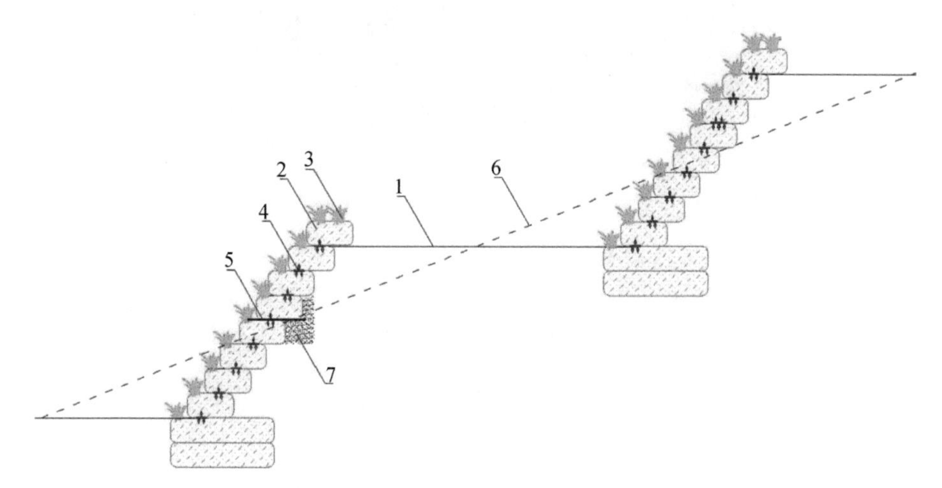

(a)梯田生态埂坎剖面设计图

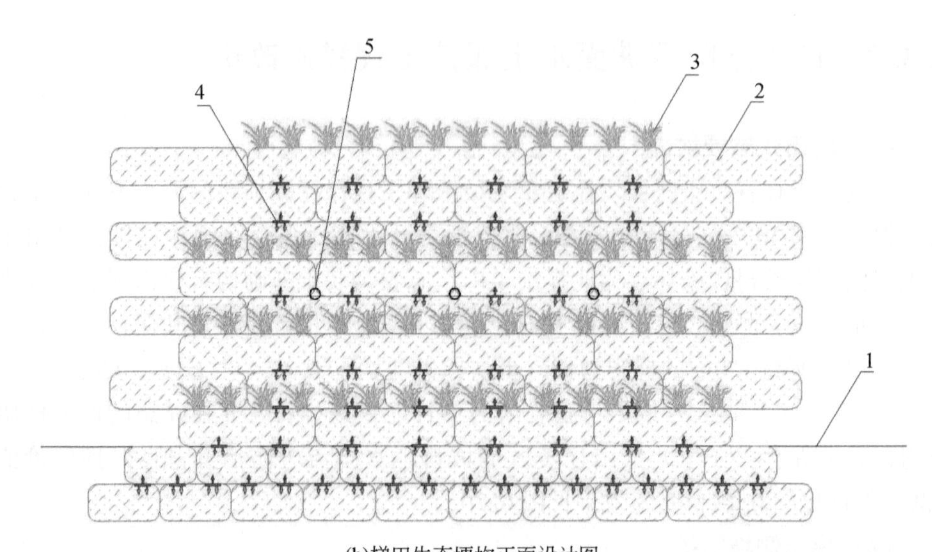

(b)梯田生态埂坎正面设计图

图 6.19　低山丘陵区梯田生态埂坎设计图

注：1. 田面；2. 生态膜袋；3. 护埂植物；4. 连接扣；5. 排水管；6. 原田面；7. 反滤料

图 6.20　低山丘陵区梯田生态埂坎效果图

图 6.21　低山丘陵区梯田生态膜袋侧坡防护实施效果图

6.4 本章小结

1）鉴于水平梯田等工程措施受制于占地多、扰动强和影响耕作而在东北漫川漫岗区难以适用的问题，针对8°以下为主的长缓垄作坡耕地，提出通过局部适当挖填，形成仿拟波浪状起伏坡型，利用形似波峰的上凸坡段截短坡长、拦截水沙，形似波谷的下凹坡段促进入渗、增加沉积，从而在基本不占地和不影响耕种的同时实现理水减蚀的宽面梯田技术；并有针对性地提出了基于于浅沟侵蚀临界地形的田面宽度最大值、考虑机械耕作需要的田面宽度最小值、基于容许土壤流失量的田面宽度推荐值等成套设计参数；确定方法及修筑工序，给出了顺坡垄作和横坡垄作两种方式下，不同降雨和坡度的田面宽度设计参考值。在吉林省东辽县杏木小流域的试验示范和观测评价结果表明，该技术较传统顺坡耕作，可减少径流 62.3%、减少侵蚀 68.7%；较坡式梯田和横坡改垄，单位面积降低投资 42.6% 和 55.4%；较传统梯田等措施，单位公顷节约占地 200m^2，增产 450 斤（按玉米计算）。

2）针对东北低山丘陵区配置水土保持措施，仅依据坡面平均坡度选用相同措施，忽略坡型起伏及土层厚度分异，从而当表土较薄时，由于措施扰动使表土与母质混合，降低生产力，并导致措施布局不合理、不精细，综合效益欠佳等问题，提出综合考虑坡耕地不同坡段的坡度和土层厚度分异，依据措施适用地形条件和扰动状况，分段优选适宜措施，并注重措施间径流顺接排导，形成复合坡型措施分段精准配置与高效组合的配置方法。根据吉林省东辽县杏木小流域土壤取样分析和措施扰动深度调查，提出以 20cm 为措施选择的土层厚度阈值，表土不足 20cm 的坡段除坡度外，还需考虑表土厚度对措施实施的限制。据吉林省东辽县杏木小流域的试验地块观测对比表明，该方法可较传统全坡面单一布设水平梯田的治理方式，减少措施占地宽度 0.5 ~ 1m，并可避免治理当年 3% 左右的作物减产，土壤侵蚀均可控制到允许流失量以下。

3）针对现有水平梯田措施存在的不足，提出了生态埂坎（梯田或地埂植物带的埂坎采用生态膜袋砌筑或种植苜蓿、黄花菜等高效水土保持植物）和石笼/生态袋梯田侧坡防护等低山丘陵区坡面水土保持工程配套优化措施，可明显提升东北低山丘陵区坡面水土保持工程措施的适宜性与有效性。

参考文献

包昂，范昊明，许秀泉，等.2022. 东北半干旱区不同耕作方式下的侵蚀性降雨标准比较. 土壤通报，(1)：81-88.

包含，侯立柱，刘江涛，等.2011. 室内模拟降雨条件下土壤水分入渗及再分布试验. 农业工程学报，(7)：70-75.

边锋，郑粉莉，徐锡蒙，等.2016. 东北黑土区顺坡垄作和无垄作坡面侵蚀过程对比. 水土保持通报，36（1)：11-16.

蔡强国.1989. 坡长在坡面侵蚀产沙过程中的作用. 泥沙研究，(4)：84-91.

陈正维，刘兴年，朱波.2014. 基于 SCS-CN 模型的紫色土坡地径流预测. 农业工程学报，30（7)：72-81.

杜鹏飞，黄东浩，秦伟，等.2020. 基于不同模型不同指纹因子的东北黑土区小流域泥沙来源分析. 水土保持学报，34（1)：84-91.

范昊明，蔡强国，王红闪.2004. 中国东北黑土区土壤侵蚀环境. 水土保持学报，18（2)：66-70.

范昊明，蔡强国，崔明.2005. 东北黑土漫岗区土壤侵蚀垂直分带性研究. 农业工程学报，(6)：8-11.

范昊明，张瑞芳，周丽丽，等.2009. 气候变化对东北黑土冻融作用与冻融侵蚀发生的影响分析. 干旱区资源与环境，(6)：48-53.

符素华，王红叶，王向亮，等.2013. 北京地区径流曲线数模型中的径流曲线数. 地理研究，32（5)：797-807.

付斌，胡万里，屈明，等.2009. 不同农作措施对云南红壤坡耕地径流调控研究. 水土保持学报，23（1)：17-20.

高江波，刘路路，郭灵辉，等.2023. 气候变化和物候变动对东北黑土区农业生产的协同作用及未来粮食生产风险. 地理学报：英文版，(1)：37-58.

韩晓增，邹文秀. 2021. 东北黑土地保护利用研究足迹与科技研发展望. 土壤学报，38（7)：1032-1041.

胡秉民，王兆骞，吴建军，等.1992. 农业生态系统结构指标体系及其量化方法研究. 应用生态学报，(2)：144-148.

胡刚，宋慧，刘宝元，等.2015. 黑土区基准坡长和 LS 算法对地形因子的影响. 农业工程学报，(3)：166-173.

胡刚，伍永秋，刘宝元，等 . 2007. 东北漫岗黑土区切沟侵蚀发育特征 . 地理学报，62（11）：1165-1173.

胡霞，蔡强国，刘连有，等 . 2005. 人工降雨条件下几种土壤结皮发育特征 . 土壤学报，42（3）：504-507.

焦剑 . 2010. 东北地区土壤侵蚀空间变化特征研究 . 水土保持研究，17（3）：1-6.

黎四龙，蔡强国，吴淑安，等 . 1998. 坡长对径流及侵蚀的影响 . 干旱区资源与环境，12（1）：30-36.

李发鹏，李景玉，徐宗学 . 2006. 东北黑土区土壤退化及水土流失研究现状 . 水土保持研究，13（3）：50-54.

李桂芳，郑粉莉，卢嘉，等 . 2015. 降雨和地形因子对黑土坡面土壤侵蚀过程的影响 . 农业机械学报，46（4）：147-154，182.

李宁宁，张光辉，王浩，等 . 2020. 黄土丘陵沟壑区生物结皮对土壤抗蚀性能的影响 . 中国水土保持科学，8（1）：42-48.

李致颖，方海燕 . 2017. 基于 TETIS 模型的黑土区乌裕尔河流域径流与侵蚀产沙模拟研究 . 地理科学进展，（7）：873-885.

廖义善，蔡强国，程琴娟 . 2008. 黄土丘陵沟壑区坡面侵蚀产沙地形因子的临界条件 . 中国水土保持科学，6（2）：32-38.

林鑫，庞勇，李春干 . 2020. 无人机密集匹配点云与机载激光雷达点云的差异分析 . 林业资源管理，（3）：58-62.

刘宝元，张甘霖，谢云，等 . 2021. 东北黑土区和东北典型黑土区的范围与划界 . 科学通报，（1）：96-106.

刘卉芳，单志杰，秦伟，等 . 2020. 东北黑土区水土流失治理技术与模式研究评述 . 泥沙研究，（4）：74-80.

刘淼，胡远满，徐崇刚 . 2004. 基于 GIS、RS 和 RUSLE 的林区土壤侵蚀定量研究——以大兴安岭呼中地区为例 . 水土保持研究，（3）：21-24.

刘兴土，阎百兴 . 2009. 东北黑土区水土流失与粮食安全 . 中国水土保持，（1）：17-19.

刘远利，郑粉莉，王彬，等 . 2010. WEPP 模型在东北黑土区的适用性评价——以坡度和水保措施为例 . 水土保持通报，30（1）：139-145.

刘志娟，杨晓光，王文峰，等 . 2009. 气候变化背景下我国东北三省农业气候资源变化特征 . 应用生态学报，（9）：2199-2206.

卢嘉，郑粉莉，安娟，等 . 2012. 东北黑土区土壤团聚体迁移特征的模拟降雨试验研究 . 水土保持通报，32（6）：6-10.

牟廷森，沈海鸥，王东丽，等 . 2022. 玉米秸秆粉碎还田对黑土坡面土壤侵蚀特征的影响 . 水土保持学报，（2）：78-83，91.

宁静，杨子，姜涛，等 . 2016. 东北黑土区不同垄向耕地沟蚀与地形耦合规律 . 水土保持研究，23（3）：29-36.

齐智娟，张忠学，杨爱峥 . 2011. 黑土坡耕地几种水土保持措施的蓄水保土效应研究 . 水土保持研究，18（5）：72-75.

秦福来，王晓燕，张美华 . 2014. 基于 GIS 的流域水文模型- SWAT（Soil and Water Assessment Tool）模型的动态研究 . 首都师范大学学报（自然科学版），（1）：81-85.

沈波，范建荣，潘庆宾，等 . 2003. 东北黑土区水土流失综合防治试点工程项目概况 . 中国水土保持，（11）：7-8.

沈昌蒲，龚振平，温锦涛 . 2005. 横坡垄与顺坡垄的水土流失对比研究 . 水土保持通报，25（4）：48-49，80.

盛美玲，方海燕，郭敏 . 2015. 东北黑土区小流域侵蚀产沙 WaTEM/SEDEM 模型模拟 . 资源科学，（4）：815-822.

水利部 . 2009. 黑土区水土流失综合防治技术标准（SL 446—2009）. 北京：中国水利水电出版社 .

水利部松辽水利委员会 . 2006. 东北黑土区水土流失综合防治工程建设规划［OL］. http://www. slwr. gov. cn/u/cms/www/202302/24171201m8oi. pdf［2007-01-01］.

隋跃宇，张兴义，张少良，等 . 2008. 黑龙江典型县域农田黑土土壤有机质现状分析 . 土壤通报，（1）：186-188.

孙立全，吴淑芳，郭慧莉，等 . 2017. 人工掏挖坡面侵蚀微地貌演化及其水力学特性分析 . 水科学进展，28（5）：720-728.

田广，李仁淑 . 2008. 勃利县小型水库现状及对策 . 吉林水利，312（5）：65-66.

汪顺生，刘东鑫，孟鹏涛，等 . 2016. 不同种植模式冬小麦产量与耗水量的模糊综合评判 . 农业工程学报，32（1）：161-166.

王鸿斌，赵兰坡，王杰，等 . 2005. 松辽平原玉米带黑土不同耕作制度下的土壤侵蚀特征研究. 水土保持学报，19（2）：26-28，40.

王磊，何超，郑粉莉，等 . 2018. 黑土区坡耕地横坡垄作措施防治土壤侵蚀的土槽试验 . 农业工程学报，34（15）：141-148.

王岩松，王玉玺，李洪兴 . 2007. 黑土区范围界定及水土保持防治策略 . 中国水土保持，（12）：11-13.

解运杰，王岩松，王玉玺 . 2005. 东北黑土区地域界定及其水土保持区划探析 . 水土保持通报，（1）：48-50.

谢云，段兴武，刘宝元，等 . 2011. 东北黑土区主要黑土土种的容许土壤流失量 . 地理学报，66（7）：940-952.

谢云，岳天雨 . 2018. 土壤侵蚀模型在水土保持实践中的应用 . 中国水土保持科学，16（1）：25-37.

徐相忠，刘前进，张含玉 . 2020. 降雨类型与坡度对棕壤垄沟系统产流产沙的影响 . 水土保持学报，34（4）：56-62，71.

许秀泉，范昊明，李刚 . 2019. 径流曲线法在东北半干旱区几种土地利用方式径流估算中的应用与改正．水土保持学报，33（4）：52-57.
张光辉，聂振龙，崔浩浩，等．2022. 西北内陆流域下游区天然绿洲退变主因与机制．水文地质工程地质，（5）：1-11.
张家来，刘立德．1995. 江滩农林复合生态系统综合效益的评价．生态学报，（4）：442-449.
张树文，张养贞，李颖，等．2006. 东北地区土地利用/覆被时空特征分析．北京：科学出版社．
张兴义，王其存，隋跃宇，等．2006. 黑土坡耕地土壤湿度时空演变及其与大豆产量空间相关性分析．土壤，（4）：410-416.
张永东，吴淑芳，冯浩，等．2013. 土壤侵蚀过程中坡面流水力学特性及侵蚀动力研究评述．土壤，45（1）：26-33.
张展，隋媛媛，常远远．2017. 东北低山丘陵区坡耕地水土流失特征分析．人民黄河，（10）：89-93.
赵玉明，刘宝元，姜洪涛．2012. 东北黑土区垄向的分布及其对土壤侵蚀的影响．水土保持研究，19（5）：1-6.
郑粉莉，边锋，卢嘉，等．2016. 雨型对东北典型黑土区顺坡垄作坡面土壤侵蚀的影响．农业机械学报，47（2）：90-97.
Boughton W C. 1989. A review of the USDA SCS curve number method. Australian Journal of Soil Research, 27（3）: 511-523.
Chow V T, Maidment D R, Mays L W. 1988. Applied Hydrology. New York: McGraw-Hill Book Company.
Durán-Barroso P, González J, Valdés J B. 2016. Improvement of the integration of soil moisture accounting into the NRCS-CN model. Journal of Hydrology, 542: 809-819.
El-Hames A S. 2012. An empirical method for peak discharge prediction in ungauged arid and semi-arid region catchments based on morphological parameters and SCS curve number. Journal of Hydrology, 456-457: 94-100.
Flanagan D C, Nearing M A. 1995. USDA-Water Erosion Prediction Project-hillslope profile and watershed model documentation. https://www.ars.usda.gov/ARSUser Files/50701000/cswq-0388-alberts.pdf [2015-12-20].
Fu S H, Zhang G H, Wang N, et al. 2011. Initial abstraction ratio in the SCS-CN method in the Loess Plateau of China. Transactions of the ASABE, 54（1）: 163-169.
Geng R, Zhang G H, Ma Q H, et al. 2017. Soil resistance to runoff on steep croplands in Eastern China. Catena, 152: 18-28.
Huang D H, Du P F, Walling D E, et a1. 2019. Using reservoir deposits to reconstruct the impact of recent changes in land management on sediment yield and sediment sources for a small catchment in the Black Soil region of Northeast China. Geoderma, 343: 139-154.
Huang M B, Gallichand J, Dong C Y, et al. 2006. Use of soil moisture data and curve number method for estimating runoff in the Loess Plateau of China. Hydrological Processes, 21（11）: 1471-1481.

Huang M B, Gallichand J, Wang Z L, et al. 2007. A modification to the Soil Conservation Service curve number method for steep slopes in the Loess Plateau of China. Hydrological Processes. 20 (3): 579-589.

Laws J O, Parsons D A. 1943. The relation of raindrop-size to intensity. Eos Transactions American Geophysical Union, 24 (2): 248-262.

Li J, Liu C M, Wang Z G, et al. 2015. Two universal runoff yield models: SCS vs. LCM. Journal of Geographical Science, 25 (3): 311-318.

Liu B Y, Nearing M A, Risse L M. 1994. Slope gradient effects on soil loss for steep slopes. Transactions of the ASAE, 37 (6): 1835-1840.

Lu J, Zheng F L, Li G F, et al. 2016. The effects of raindrop impact and runoff detachment on hillslope soil erosion and soil aggregate loss in the Mollisol region of Northeast China. Soil & Tillage Research, 161: 79-85.

Morbidelli R, Corradini C, Saltalippi C, et al. 2018. Rainfall infiltration modeling: A review. Water, 10 (12): 1873.

Muzylo A, Llorens P, Valente F, et al. 2009. A review of rainfall interception modelling. Journal of Hydrology, 370: 191-206.

Nash J E, Sutcliffe J V. 1970. River flow forecasting through conceptual models Part I-A discussion of principles. Journal of Hydrology, 10 (3): 282-290.

Nunes A N, António A C D. Coelho C O A, et al. 2010. Impacts of land use and cover type on runoff and soil erosion in a marginal area of Portugal. Applied Geography, 31 (2): 687-699.

Philip J R. 1957. The theory of infiltration: 1. the infiltration equation and its solution. Soil Science, 8 (3): 345-357.

Renard K G, Forster G R, Weesies G A, et al. 1997. Predicting soil erosion by water: A guide to conservation planning with the revised universal soil loss equation (RUSLE) http://www.sscnet.ucla.edu/06w/geogm107-1/predicts.pdf[2015-12-20].

Shi Z H, Chen L D, Fang N F, et al. 2009. Research on the SCS-CN initial abstraction ratio using rainfall-runoff event analysis in the Three Gorges Area, China. Catena, 77 (1): 1-7.

Viji R, Prasanna P R, Ilangovan R. 2015. Modified SCS-CN and green-ampt methods in surface runoff modelling for the Kundahpallam Watershed, Nilgiris, Western Ghats, India. Aquatic Procedia, (4): 677-684.

Wang L H, Dalabay N, Lu P, et al. 2017. Effects of tillage practices and slope on runoff and erosion of soil from the Loess Plateau, China, subjected to simulated rainfall. Soil & Tillage Research, 166: 147-156.

Wilken F, Baura M, Sommer M, ct al. 2018. Uncertainties in rainfall kinetic energy-intensity relations for soil erosion modelling. Catena, 171: 234-244.

Wischmeier W H, Smith D D. 1958. Rainfall energy and its relationship to soil loss. Transactions.

American Geophysical union, 39 (2): 285-291.

Wischmeier W H, Smith D D. 1978. Predicting rainfall erosion losses: A guide to conservation planning. U. S. Department of Agriculture, Agriculture Handbook. No. 537.

Xin Y, Xie Y, Liu Y, et al. 2016. Residue cover effects on soil erosion and the infiltration in black soil under simulated rainfall experiments. Journal of Hydrology, 543: 651-658.

Xu X M, Zheng F L, Wilson G V, et al. 2018. Comparison of runoff and soil loss in different tillage systems in the mollisol region of Northeast China. Soil & Tillage Research, 177: 1-11.

Yang W, Wang Y, Sun S, et al. 2019. Using Sentinel-2 time series to detect slope movement before the Jinsha River landslide. Landslides, 16 (7): 1313-1324.

Zhang Y G, Wu Y Q, Liu B Y, et al. 2007. Characteristics and factors controlling the development of ephemeral gullies in cultivated catchments of black soil region, Northeast China. Soil & Tillage Research, 96 (1-2): 28-41.